Baumgenossen

Bernd Steiner Verena Eggmann

BAUMGENOSSEN

Fünfundzwanzig neue Ansichten
von Schweizer Bäumen und Wäldern

AT Verlag

Papier | Biber Allegro halbmatt gestrichen, 170 g/m^2,
geliefert durch Baumgartner Papier AG, Crissier/Brunegg

AT Verlag, Aarau, Schweiz
Umschlagabbildung: Verena Eggmann
Lektorat: Karin Breyer, Freiburg i. B.
Gestaltung und Satz: AT Verlag, Aarau
Lithos und Druck: AZ Grafische Betriebe, Aarau
Bindearbeiten: Buchbinderei Burkhardt, Mönchaltorf
Printed in Switzerland

ISBN 3-85502-789-7

Liebste Silva Verena,

ich bin gestern in die Zettelei abgereist, werde also in nächster Zeit schwer erreichbar sein, dich jedoch laufend an meinen Reiseerlebnissen teilhaben lassen. Geografisch zählt die Zettelei zu Silvanien, du ahnst nicht, wie viele Wälder und Bäume es hier gibt, grundsätzlich, um nicht zu sagen vorsätzlich, gibt es hier überhaupt nur diese, jede Suche nach mir wäre nutzlos. Ich bin dem Ruf der Zettelei gefolgt, es rief sonst gerade niemand nach mir, um dieses Territorium wieder wegsam zu machen, wobei ich fürs Durchforsten eher das Plentern als den Kahlschlag im Auge habe, in welchem, muss ich noch feststellen. Da die Zettelei mich in den letzten Jahren ohnehin stark bedrängte, ja sogar auf meine Wohlfühlbedürfnisse übergriff, gedenke ich durchzugreifen, obwohl ich gewisse Unsicherheiten bezüglich dessen hege, was auf der andern Seite nach meiner Hand greifen könnte. Die Gelegenheit, in der Zettelei Ordnung zu schaffen, ist jedoch günstig. Ich möchte mich nämlich exponieren. Dazu ist nichts geeigneter als ein schweizerisches Expo-Jahr, und ich hatte das Glück, eines dieser enorm beweglichen[1] Jahre zu erwischen. Auch die Ausgangslage für meine Arte Plage ist vorteilhaft, ich muss nicht fürchten, sie werde eine arge Plage, im Blätterwald rauschen nur die Eichen, die Buchen und auf den Bergen murrt gelegentlich ein Ahorn. Auch bei den Sponsoren, auf die ich vorausschauend verzichtet habe, gab es bisher keine Rückzüge. | Über Baum und Wald wird ja neuerdings viel geschrieben, vor allem deren Geist scheint mir stark bedroht, manche verkaufen ihn bereits in Flaschen. Auch meine Zettelei ist voll von Bäumen und Wäldern. Sie kommen in Beständen, Schlägen, Trupps und Rotten vor, nicht zuletzt als Solitäre, manch einer davon ist ein Überhälter[2], der ein spezielles Milieu schützt, nicht zu verwechseln freilich mit jenem Milieu, in dem auch Kahlschläger unterwegs sind, nachdem sie zur Freude angeblicher Arbeitsplatzverteidiger wieder irgendwo in der Welt, meist in der Dritten, erfolgreich geschlagen haben. Zetteleien wie die meinen wachsen übrigens spontan und lösen schon nach kurzer Zeit Massen von Stockausschlägen aus, die aber glücklicherweise nicht auf die Haut übergreifen. Förster nennen dies die Hauschicht, ein dichtes Unterholz, in dem sich allerhand Merkwürdiges verbirgt. Shakespeare hat dort als Erster den *Zettel*[3] entdeckt und zoologisch beschrieben, auf seinen Spuren kam Spengler[4], stolperte aber nur noch über *Fussnoten*, wobei das Abendland fast unterging, doch sind einige ramponierte Teile stehen geblieben. Nach ihm fand Doderer[5] den *Zettelkasten*, und schliesslich fing Schmidt[6] hier auch noch *Zettels Traum* ein. Ich hingegen entdeckte leider zuerst nur den *Spickzettel*, was mir unter Schulmeistern den Ruf als Kleinkrimineller eintrug, immerhin war er nachhaltig. | Inzwischen hat sich meine Zettelei auf ungefähr 200 Rubriken ausgedehnt, von «Ackerbau» über «Geheimnis» bis «Züchtung», obwohl ich weder das eine gelernt habe noch das andere betreibe und auch Geheimnisse nur in windstillen Zeiten lüfte, sie vertragen Durchzug schlecht. Ich gestehe es ungern, ich habe die Übersicht verloren, von der Untersicht ganz zu schweigen. Wo immer mein Auge hinfällt, ich habe auch das leidige Aufheben der Augen langsam satt, blicken mir erwartungsvoll Zettel entgegen. Auch wenn ich nur vorsichtig etwas anhebe, Zeitungen etwa oder einen dieser handgeknüpften Afghanen, denen jetzt jede Boshaftigkeit nachgesagt wird – es sieht mich vorwurfsvoll ein Zettel an. Manche habe ich schon im Verdacht, sie trieben es heimlich miteinander, auch ist mir der Gedanke unangenehm, es könnten sich in dieser Zettelei immer noch einige in Malaysia gewilderte Bäume der Gattung Tectona verborgen halten, die man als Teak freilich heute kaum noch los wird. Ich weiss natürlich, es könnte nur deren Abfall sein, das Voll-

[1] Die Expo Schweiz, geplant für das Jahr 2000, wird nach vielen Fährnissen 2002 durchgeführt.

[2] Einzelbaum oder Baumgruppe über Jungbäumen. Schützt diese und dient selbst der Wertholzzucht.

[3] William Shakespeare (1564–1616), englischer Dramatiker: Ein Sommernachtstraum.

[4] Oswald Spengler (1880–1936), deutscher Kulturphilosoph: Der Untergang des Abendlandes.

[5] Heimito von Doderer (1896–1969), österreichischer Schriftsteller, arbeitete mit einer Zettelwand.

[6] Arno Schmidt (1914–1979), deutscher Schriftsteller, verarbeitete in *Zettels Traum* eine gigantische Masse von Zetteln.

holz dürfte tischförmig in den Büros jener führenden Selbstbonifizierer stehen, bei denen ich gerade den Kurs «Wie entschädige ich mich für fehlerhafte Leistungen?» belegt habe. |
Heute habe ich eine Ahnung davon, wie *Zettels Albtraum* aussehen könnte. Du verstehst, dass so elende Aussichten mich wenig froh stimmen. Ich habe daher beschlossen, meinen Ordnungsauftrag ernst zu nehmen und zunächst in der Zettelei Schweiz aufzuräumen. Ich werde versuchen, dir von Baum und Wald in allen Kantonen zu berichten, die ich dir, um die «Harmonie fédérale» nicht zu stören, alphabetisch zusende. Leider werde ich nicht streng bei den Bäumen bleiben können, es gibt schon zu viele, die *an* sie gehen. Ich schicke dir das Bäumige daher neu durchgesehen und überarbeitet, und natürlich hätte ich jetzt schon gerne gewusst, ob dies hier zu Lande[7] etwas bewegt oder wenigstens dort zur See. Manches ist nicht ohne weiteres zu haben gewesen, aber das Weitere war mir nicht zugänglich, du kennst ja die Sperrfristen, mit denen das Gute, Schöne und Wahre noch in jedem Flickwerk seinen Schein fristet. Mit Wolfgang[8] bin ich mir deshalb einig, dass bei abweichlerischen Zetteln gerade das Aufweichlerische zu pflegen sei, bitte dich indes, meine zuweilen subjektiven Ansichten zu verzeihen, du musst sie nicht teilen, sie sind schon fragmentiert. Die Bilder habe ich sorgsam gewählt, auch wenn einige von mir sind, kenne freilich weder jeder Geschmäcke Geschmack noch eine Richtschnur. Mit solchen Schnüren pflege ich meist heimattümliches Sperrgut zurückzusenden.

[7] Neue, sinnstörende Schreibweise; ursprünglich hierzulande.

[8] Wolfgang Hildesheimer (1916–1991), deutscher Schriftsteller: Mitteilungen an Max, Suhrkamp, Frankfurt a. M. 1985. H. ist einer der «Paten» dieses Buches.

Auch ich habe einmal im **AARGAU** gewohnt. Es war nicht weit auf den Bözberg, immer wieder, bei Tag, bei Nacht, sommers und winters. Es gibt dort ein Dorf namens Linn und frei davor, ich scheue das Wort «erhaben» nicht, eine Linde, und die Linde hat sich in schöner Alliteration mit dem Dorf verbündet, als Linde von Linn oder Linner Linde, ja die Verschwisterung soll noch viel inniger sein, stamme doch der Name des Dorfs direkt von der Linde. So jedenfalls hat es 1856 der Aarauer Kantonsschulrektor und Sagensammler Ernst Ludwig Rochholz festgestellt, und warum soll ich ihm nicht glauben? – schliesslich ist aus dem gemeingermanischen Baumnamen *lind, linda, linta* auch der schwedische Name Linné geworden, und *lind* ist ja auch ein so altes Wort für weich, biegsam und mild, was der Linde wohl niemand absprechen wird, auch wenn sie sich so enorm im Raum entfaltet wie die Linner Linde. Ich will jedoch nicht verschweigen, dass es auch andere etymologische Deutungen gibt, die vielleicht vom altnordischen *linna* ausgehen, was aufhören bedeutete, und wenn ich es recht bedenke, ist Linn ein Dorf, wo sich Fuchs und Hase Gute Nacht sagen, meist sagt das aber nur der Hase, und das betont. Du bemerkst, wie wenig Verlass auf Sprichwörtliches ist, und wenn ich «Manne wie Tanne, Scheiche wie Eiche» oder in gut Deutsch «Männer wie Tannen, Beine wie Eichen» höre, sehe ich im Geist selten Heroen, fürchte vielmehr um Tannen und Eichen. In den Vogesen soll es heute noch Wälder geben, deren Bäume unverkäufliches Holz enthalten, weil es voller Granatsplitter aus dem Weltkrieg steckt. Aus dem Ersten. | Nie ist mir wohl, wenn ich mit Zahlen handeln muss, denn schon kommen hinkend die Vergleiche daher, und was sind dann noch 800 Lindenjahre und elf Meter Umfang? Ich könnte relativieren, trotzdem bleibt die Linde von Linn die älteste Linde und der mächtigste Baum der Schweiz, Gegenteiliges wäre zu beweisen. Ich weiss nicht, ob ein solcher Baum erschüttert, und wenn ja, dann meist nicht jene, die ich gerne erschüttert sähe, einmal wenigstens, ich bestehe nicht auf einer Linde. Ein Spiegel wäre mir auch recht, mag sein, dass etwas Bäumiges sich anblickt, vor der eigenen Fortschrittlichkeit ist man ja nie sicher. Mich hat die Linner Linde erschüttert, es war im Ocker des Spätsommers, sie schien mir ihre eigene Fata Morgana, ich vermochte beinahe die alte keltische Morgane[9] zu sehen, die es auch mit den Bäumen hatte, wie alle mächtigen Göttinnen. Vor solchen Bildern kann auch mich, ich gestehe es ungern und höre schon das Aha!, etwas Religiöses ergreifen, dem ich aber sofort Gretchen[10] entgegenschleudere. Das zweite Mal sah ich die Linde als kosmischen Schneekristall, oder eher noch als den im Rauhreif erstarrten Rheinfall, schwereleicht sozusagen. Ich spürte kein Frösteln, das überkommt mich nur vor im Winde klirrenden Fahnen[11]. | Ich weiss nicht, ob es jemanden wundert, dass diese Linde vor 26 Jahren der Keimling des Internationalen Baum Archivs gewesen ist, dem ich jetzt als Kurator vorstehe, obgleich ich doch ständig im Gefühl lebe, dass es hier nichts mehr zu kurieren gibt, dort übrigens auch nicht. Ich wundere mich höchstens, dass die Linde noch immer da ist, denn es gab windige Leute, die ihren hohlen Stamm als Ort geschützter Bratwurstfeuer priesen, und es gab Terroristen, die dieser Baumewigkeit in den 1990er Jahren mit einem Pflanzenvertilgungsmittel den Garaus zu machen versuchten. Es muss Gründe gegeben haben, die Linde von Linn zu töten, denn es gibt im menschlichen Irresein die Methode, eigene Defizite beispielsweise einem Baum anzulasten. Aber ich kenne die Gründe nicht, es kennt sie auch sonst niemand, und manchem ist es wohl, solche Gründe nicht zu

Doppelseiten 8/9, 10/11: Die Linde von Linn (Höhe: 25 Meter, Umfang: 11 Meter, Alter: 500 bis 800 Jahre) ist die mächtigste Linde der Schweiz. Ob sie auf einem Pestgrab gepflanzt wurde, wie die Legende sagt, ist ungeklärt; volkstümliche Sprüche, die sie mit der nahen Habsburg verbinden, sind wohl erst im späten 18. oder frühen 19. Jahrhundert entstanden, als die bäuerliche Welt noch vom Glauben an die Wirksamkeit magisch-zauberischer Formeln und Handlungen geprägt war.
Ob sie ein Gerichts- oder Versammlungsbaum war, wird in den Chroniken nicht deutlich, ebenso wenig, ob der Name Linn von Linde kommt. J. Bäbler verweist 1889 jedoch darauf, dass der Dorfname früher Lindt = im Lind (wo Linden stehen?) geschrieben wurde. Dreimal drohte der Baum im Feuer unterzugehen (1863, 1908, 1979), 1990 versuchten Unbekannte sie mit dem Pflanzengift Atrazin zum Absterben zu bringen. Nach intensiven Pflegemassnahmen ist die Linde von Linn heute wieder in stabiler Verfassung. Sie ist eine Sommerlinde (Tilia platyphyllos) und steht unter Schutz.

[9] Walisische Fay (Fee), Muttergöttin, auch negativ als Kriegsgöttin. In Irland Morrigan, dort identisch mit Anu/Danu.

[10] J. W. von Goethe: Faust I. Gretchen zu Faust: «Nun sag, wie hast du's mit der Religion?»

[11] Friedrich Hölderlin (1770–1843), deutscher Dichter: Hälfte des Lebens, Gedicht.

Der Stamm im Herbst.

Die Haut der alten Dame.

kennen, denn hinter diesen könnten sich ja wiederum Gründe auftun, die ins Grundlose führten. | Über die Linde von Linn wird dieses und jenes erzählt. Jenes ist, dass sie eine Pestlinde sei, über einem Pestgrab gepflanzt, aber ich habe nichts Einschlägiges gefunden. Wäre sie nach dem Seuchenzug von 1348 gepflanzt worden, hätte sie heute ein Alter von 650 Jahren, nähme man 1669 an, als die Seuche die Bözbergdörfer beinahe ganz auslöschte, wäre sie 330 Jahre alt. Eine relative Jugendlichkeit bei unübersehbarer Alterserscheinung wäre ja bei einem so freistehend aufgewachsenen Baum nicht abwegig, wie man bei ähnlichen Linden «mit Pflanzdatum» vergleichend feststellen könnte, viel abwegiger scheinen mir die Bemühungen der Kosmetikindustrie, an der menschlichen Alterserscheinung das Umgekehrte bewirken zu wollen. Archäologen hätten mit einem sondierenden Schnitt längst feststellen können, ob der Boden unter der Linde nicht nur Steine, die Knochen der Erde, enthält, sondern auch andere Knochen. Sie haben es nicht getan. Manchmal, denke ich mir, ist es gut, wenn die Geschichte ruht. Denn wenn die Pesttoten unter der Linde von Linn liegen, dann schützt der Baum mittelalterlichem Glauben nach den Bözberg vor weiteren Pestzügen, denn der Tod ist in der Linde «verpflockt» wie Gotthelfs «Schwarze Spinne» im Gebälk des Hauses. Ein Blick in den Boden vermöchte die Geschichte des Völkleins auf dem Bözberg zu entzaubern, das wünsche ich ihm nicht, es hat ein Anrecht auf das mächtige Lindendenkmal, zumal ich nur selten lese, dass die Pest auch Hermelin- und Purpurfürsten von Thron oder Altar geholt habe. Mir sind die Sondierungsschnitte im Boden der Gegenwart wichtiger. Dort liegen auch ziemlich viele Tote, die nicht die Pest geholt hat. | Und auch dieses wird erzählt: «Fällt ihr Schatten auf Rudolfs Haus, so ists mit allen Welten aus.» Du weisst, ich hatte an diesem Spruch stets ein besonderes Vergnügen. Rudolfs Haus ist die Habsburg, die ungefähr zwei Kilometer Luftlinie entfernt und etwas tiefer als die Linde liegt. Es wäre also einigermassen übertrieben, zu behaupten, die Habsburg läge im Schatten der Linde, vernünftigerweise müsste man es überhaupt ablehnen, einen Schattenwurf bis zur Habsburg in Betracht zu ziehen. Aber der blosse Betracht hilft ja nun nichts, man sollte immer auch mit einem Mathematiker rechnen, und Angehörige dieses Berufsstands sind mit Sprüchen obiger Art ausserordentlich reizbar. Das war auch ein gewisser Prof. math. Karl Matter, von den Schülern vermutlich Mathematter genannt, er hat den «Ersten Bözberger Zauberspruch»[12] 1925 bewiesen: Wenn die Mitte der Sonne von der Habsburg aus genau hinter der Mitte der Krone der Linner Linde steht, erreicht der Schatten des Baums die Burg. Das hat sogar die Wirtin auf der Habsburg in 65 Jahren nur einmal gesehen und lauernde Fotografen noch gar nie[13]. Aber es fiel der Schatten der Linde aus der untergehenden Sonne im Jahr 1918 auf die Habsburg, ich darf sogar mit Recht sagen, er fiel – denn Gott ist gross in seiner Ironie – bis Wien, und Karl I., allerkatholischster Kaiser des nunmehr und je nach Rechnung 745 Jahre alten Habsburgerreiches, dankte ab. Die Linde von Linn hat es weitergebracht. Wir sollten die Reichweite der Schatten nicht unterschätzen, irgendwann fallen sie auf jeden Stamm-Tisch.

[12] Bezeichnung des Autors in Anlehnung an die Merseburger Zaubersprüche.
[13] Franz Xaver Erni: Die Linde von Linn, Tertianum, Heft 12/2000.

Über das **APPENZELL** weiss ich nicht viel und will mich daher auch nicht in Klischees ergehen. Einerseits, weil ich keine Kühe halte und den Alpaufzug lieber mit der Seilbahn bewältige, ferner weil ich selber Pfeife rauche, was eine gewisse Verwandtschaft hervorruft, ich rauche allerdings ohne Deckel, weshalb der kleine Meiler mit zwei übergelegten Fingern in Gang zu halten ist; andererseits, weil es sich um zwei Kantone handelt, die zwar als halb gelten, aber doch eine ganze Standesstimme haben, was mich manchmal freut und manchmal ärgert. Über die Geschichte des dortigen Frauenstimmrechts rede ich, wie über mein Gedächtnis, nicht gern. Ich hatte aber damals das Gefühl, dass die Appenzeller noch ihre Autoschilder als Widerstandsparolen verstanden: Aiiiii! Arrrrr!, eine Art ostschweizerische Raubtiernummer. Immerhin bin ich froh, dass die so lange domestizierten Appenzellerinnen ihre Dompteure am Ende nicht angefallen haben. | Im zürcherischen Unterstammheim haben die Frauen den Männern das mit dem Frauenstimmrecht so heimgezahlt, dass sie schon an der ersten gemeinsamen Gemeindeversammlung die grösste Eiche unter Schutz stellten. In Oberstammheim aber wollten die Gemeindeväter 20 Jahre später ihre historische Gerichtslinde im Dorf fällen, da sie schräg stehe. Der väterliche Abräumversuch ist zwar misslungen, aber seither bin ich der Meinung, dass man über die Begriffe *Vater* und *schräg* öffentlich diskutieren sollte. Wie du siehst, habe ich gelegentlich meine subjektiven Ausbrüche, obwohl man mir schon früh beizubringen versuchte, dass mein Subjekt gefälligst nicht aus den kollektiven Ansichten auszubrechen habe. Leider ist es nicht gefällig. | Andererseits verbindet mich gerade das Holz der Pfeife mit dem knorzigen Appenzeller Völkchen, obwohl ich lange Zeit der Ansicht war, Bruyère wäre ein mächtiger Baum, den die Appenzeller aus der Gegend von Gruyère eingeführt hätten. Ich habe den *Zander,* ein botanisches Handbuch und nicht zu verwechseln mit dem Fisch gleichen Namens, auch zum Sautieren oder Braten wenig geeignet, entgegen meiner Gewohnheit erst spät konsultiert, wobei es mir dann doch wie Schuppen von den Augen fiel: Bruyère ist ein Erikagewächs[14], also eher tiefwüchsig und strauchig, Erica arborea samt der Variante alpina Dieck ex Bean, die Baumheide, auf andere Erikas einzugehen, ist mir nicht möglich, ich kannte keine. Doch nicht genug mit meiner Enttäuschung, den Blick nicht zu einem Baumriesen erheben zu können, sondern ihn auf Halbwüchsiges senken zu müssen, und noch tiefer hinab, zu unsichtbaren Wurzel- oder Maserknollen, die auf den schönen französischen Namen Bruyère hören, aber eigentlich an westspanischen Erikas wachsen. Ich weiss nicht, wie die Appenzeller zu ihren Pfeifen gekommen sind, jedenfalls nicht über ihr Heidekraut, da mögen sie noch so gebückt über die Alpweiden gehen. Und obwohl es im Appenzell besonders viele Heilige und wohl auch einige Scheinheilige, jedenfalls Magier in alttestamentlicher Zahl geben soll, ist es meines Wissens noch keinem gelungen, unseren bescheidenen Heidekräutern einen Bruyèreknollen abzuringen. Ich möchte mich da aber lieber nicht zu weit auf die Äste hinauslasssen, auf Erikaäste schon gar nicht, bin aber sicher, die Gentechniker werden sich auch des appenzellischen Bruyèreknollenmangels annehmen. | Seit einigen Jahren schlägt mein Herz besonders stark und laut für eine *Buche in der Gemeinde Walzenhausen.* Sie gehört gewiss zu den Bäumen, in denen einst jener Keltengott gewohnt hat, den uns die Römer als Fagus[15] überliefert haben, wovon aber die fasci geheissenen Rutenbündel der Liktoren[16] nicht abgeleitet sind, wie manche faseln. Einen Fagus als Faschisten-Urgott hätte auch ich mir verbeten. Hingegen haben ihm die italienischen Musiker noch 1614 mit dem Namen Fagott gehuldigt, und in der Botanik hat er so fruchtbar weiter gewirkt, dass nun die ganze Familie der Fagazeen seinen Namen trägt: die Buchen und die Scheinbuchen, die Edelkastanien und die Eichen, die Castanopsis und die Chrysolepis, welch erstere den Himalaya, letztere die USA bevölkern – *bebäumen* wäre ein besseres Wort – jedenfalls solange kein japanischer Holzkonzessionär auftaucht. Besonders dankbar bin ich übrigens, dass man diese Familie nicht nach dem

[14] Französisch: Bruyère.

[15] Keltischer Buchengott der Pyrenäen; keltischer Name nicht überliefert.

[16] Römische Amtsdiener der Magistraten und Priester, denen sie die fasces, Rutenbündel mit Beil (Symbol der Strafgewalt) vorantrugen. Im italienischen Faschismus offizielles Staatssymbol.

Blick ins Kronendach der Buche. Hier wird mit Hilfe des Blattchlorophylls und der Sonnenenergie das Kohlendioxyd der Luft und das Wasser im Blatt zum Nährstoff Zucker umgewandelt.

Die Buche (Fagus silvatica) von Walzenhausen ist ein ungewöhnlich mächtiger Baum (Höhe: 18 bis 20 Meter, Umfang: 485 Zentimeter, Alter: 300 bis 500 Jahre). Buchen können eine ähnliche Mächtigkeit als frei stehende Parkbäume schon nach 150 Jahren erreichen; dieser Baum ist jedoch in der Konkurrenz mit anderen Bäumen im Wald gross geworden. Er ist kein kulturhistorisches, sondern ein forsthistorisches Relikt, dem etliche Förstergenerationen ihren Respekt zollten. Buchen hatten zusammen mit Eichen eine überragende Bedeutung als Fruchtbäume für die Schweinemast. Ihr Name kommt uns fast täglich über die Lippen und kennzeichnet ihren kulturhistorischen Rang: Buch kommt von Buche – wie livre und libro vom lateinischen liber, dem Bast von Bäumen, und das griechische byblos/biblion (bei uns nur für Bibel) vom weissen Stengelmark des Papyrus. Hinter dem geschriebenen Gedächtnis unserer Zivilisation stehen die Namen von Bäumen und Pflanzen.

apostolischen Baumfäller des 9. Jahrhunderts *Bonifazeen*[17] getauft hat. | Meine Bewunderung für diese Buche hat nicht nur damit zu tun, dass sie 300 oder 400 Jahre alt sein könnte und damit an ihrem Lebensende stände. Sie ist eine Säule des Waldes, eine Achse der Welt, ein silbern schimmernder Muskel von einer Schönheit, vor der jeder maschinell gequälte menschliche Bizeps demütig erlahmt. Auf so kindliche Art möchte sie gewiss nicht imponieren, sie *ist* einfach, und wenn ich je seinsvergessen sein möchte, dann so. Eine sich hoch oben selbst überdachende Riesin, mit der ich gerne das Bett der Natur teilen würde, wäre nicht meine Natur von soviel Anderssein durchdrungen. So drücke ich ihr nur einen Kuss auf die Rindenhaut, dieses kleine Opfer, das ich dem Keimling schon schuldig gewesen wäre und nun der Greisin darbringe. Den Förster oder Waldbesitzer, der sie unberührt liess, will ich dabei nicht vergessen, und man soll es mir nicht als Sentimentalität auslegen. | Die Appenzeller haben am altalemannischen Frauen-nicht-Stimmrecht fast so lange festgehalten wie am altgermanischen Thing[18], dieser Wahl- und Abstimmungsversammlung der Mannen unter freiem Himmel beziehungsweise heiligen Bäumen, wobei viele der Mannen bis zuletzt Schwerter oder Säbel gegürtet hatten. Es war ein ungemeiner Anblick und ich hoffte jedes Mal, sie würden auch unter heftigen Rufen mit den Schwertern auf ihre Schilde schlagen, aber das Kantonsmuseum wollte die Schilde offenbar nicht mehr herausgeben. Leider standen in den Appenzeller Things auch keine heiligen Bäume mehr, aus denen heraus eine Wanengottheit[19], Freya oder Freyr wären mir recht gewesen, gerufen hätte, was Recht ist, die ersatzweise läutenden Kirchenglocken schienen mir eher der verzweifelte Versuch, dieses Thing immer wieder christianisieren zu wollen. | *Holzschindeln* übrigens sind im Appenzell nicht nur diese handgrossen Plättchen, mit denen verkleidet die Häuser aussehen, als trügen sie Butzenröckchen, die Appenzeller benützen sie auch als Musikinstrumente, eine Art Maultrommel, in deren Ton das Sperrige und Spriessige dieses Stammes sich aufs Schönste ausdrückt. Es scheint mir gut zu ihrer Schweigsamkeit zu passen und Resonanz auf früheres Sennenleben zu sein, man hockt zwischen oder über den Wäldern, hat keine Lust, ständig über das Gleiche zu reden, weil immer nur dasselbe herauskommt, und trommelt sich mit dem Maul was vor, ganz anders als bei uns in den Städten, wo, rein maulmässig, mehr Helden als Trommler zu finden sind, echte Baumhelden übrigens, sie lassen den Rest der Bäume aus den Erdentiefen durch ein Rohr an ihren Pferden in den Himmel wachsen, wie der berühmte Häuptling Tuiavii[20] formuliert hätte. Auch die Appenzeller haben natürlich keine Naturpferde mehr, dafür haben sie Geige, Waschbrett, Holzschindel, kein helvetisches Teilvolk ist musikalischer und hat eine hinreissendere Musik, und sie kommt aus dem Holz, die Appenzeller müssen grosse Laucher am Baum sein, um die noch ungeborenen Töne des Kalt- oder des Warmholzes zu hören oder das Rütteln des Föhnsturms am Baum richtig zu deuten, ja manche ihrer feinen Musikmachergehöre müssen bis nach Ungarn gereicht haben oder von dort gekommen sein, es wird behauptet, sie seien überhaupt Ungarn gewesen, für mich wäre der Rhythmus ihrer Musik Beweis genug, ungarisch habe ich aber noch keinen reden hören. Als ich bei Joyce[21] das Wort *appelcellerie* las, dachte ich zwar eher an versprengte Restkelten, denen der Apfelbaum als Zugang zur Anderswelt heilig war, ich freilich brauche keinen Apfelzweig, um im Schatten des Säntis in der Anderswelt zu sein.

[17] Bonifatius (672–754), angelsächsischer Mönch, Apostel der Deutschen, wurde beim Versuch erschlagen, die heilige Eiche der Friesen zu fällen.

[18] Gesetzgebende und richtende Versammlung der freien germanischen Männer unter heiligen Bäumen im «Ring» mit kultischer Funktion. In altgermanischer Zeit wurde am Thing der Himmelsgott Tyr (Ziu, römisch Mars Thingsus) angerufen.

[19] Die Nordgermanen unterschieden zwischen zwei Götterfamilien, denen ursprünglich klar unterschiedliche Funktionen zukamen: Die Asen mit dem Hauptgott Odin/Wotan (seine Frau ist Frigg) waren für Herrschaft, Stärke, Krieg zuständig; die Wanen mit Freyr an der Spitze (Schwester und Gemahlin ist Freyia) für Fruchtbarkeit. Der Asengott Thor steht als Kriegs- und Fruchtbarkeitsgott in beiden Funktionen.

[20] Der Papalagi. Die Reden des Südseehäuptlings Tuiavii aus Tiavea. Über die merkwürdige Geistes- und Lebensart der Weissen, Verlag Robert Tanner, Adliswil 1977.

[21] James Joyce (1882–1941), irischer Schriftsteller: Finnegans Wake.

BASELLAND bestand für mich ursprünglich nur aus Kirschen, Buchen und den Föhren auf weissen Jurahöhen. Irgendwo dazwischen gab es auch noch Dörfer, die Route nach Basel-Stadt, und eine Hauptstadt namens Liestal, wo offensichtlich seit alters fleissig gelesen wird, ob Kirschen oder Bücher, weiss ich nicht mit Sicherheit. Seit 1989 jedoch bin ich auf die Eichen von Schloss Wildenstein fixiert. Es hat sich eine jener Zwanghaftigkeiten herausgebildet, die zum ältesten Stamm der ästhetischen, von allen Neurologen gefürchteten Neurosazeen[22] zählen. Ich halte sie für abenteuerlich schön, diese Eichen, obwohl manche nur noch die Gebrechlichkeit selbst sind. | Einige haben am Stammfuss mächtige Beulen gebildet, welche im Mittelalter als Behausungen merkwürdiger Zwischenwesen aufgefasst wurden, erwähnt werden Feen, Wichtel, Heinzelmännchen, die übrigens so prüde waren, dass sie die Existenz von Heinzelfrauchen abstritten, weshalb es noch heute neben Heinz keine weibliche Heinza gibt. Wer sich durch die europäischen Eichenwälder schlägt, sofern er, auch sie, natürlich, welche entdeckt, soll heute dort und da auch wieder auf von Neuheiden ausgesetzte irische Lepracauns, norwegische Trolle[23] oder britische Goblins stossen. Eine der Wildensteiner Eichen hat einen fassgrossen Wulst getrieben. In Frankreich seien solche Gebilde Wohnstätten der im Weinbau hilfreichen Barriquets, eine Art Rebzwerge, gewesen; es wird behauptet, von ihnen stamme der Name der Barrique. Belege habe ich leider weder bei den einschlägigen Baummythologen noch sonstwo in Frankreich gefunden, ich bin aber fast sicher, dass diese Barriquets nun schon bald ihr weiteres Wesen treiben werden. | Belegen kann ich hingegen, dass solch bizarre Bäume in Zeiten der «Grossen Untersuchung»[24] unter allerlei christlichen Inquisitoren ohne Umschweif als des Teufels betrachtet und arme Teufel, die sich dort zu schaffen machten, nach gehabter Untersuchung ebenfalls ohne viel Umschweif – der Schweif selbst ist ja schon ein teuflisches Zeichen, um wie viel mehr dann der Umschweif! – gehäutet und gerädert, meist verbrannt wurden, denn reiner als eine brennende Seele ist nur noch der Geist der Brenner. Woraus sich erkennen lässt, dass der Baum seine Unschuld verliert, sobald ihn ein Mensch ansieht. | Eine andere Eiche hat es noch im Zusammenbruch zur Kreuzform gebracht und sich am Fuss einen Weissdorn[25] zugelegt, in der Kombination ein Ort ungeahnter Kräfte, mein Bovimeter, abgeleitet vom Ochsen, der da und dort drischt, sprang schon bei geringer Nachhilfe leichtzweigig von 5 auf 500000 Einheiten, ich spürte deutliche Vibrationen auf der Duo-Tangente und versiegelte den Nexus sofort bei 10 minus einer Minute mit dem Biotetraclosomat-XK7 – Esoteriker wissen natürlich, um was es hier geht, aber es ist so geheim, dass niemand darüber reden darf. Ungefähr wie bei den Eleusinischen Mysterien, die bei Strafe des Todes geheim waren, obwohl alle Bescheid wussten. Das Religiöse und das Absurde sind

[22] Rosazeen (Rosengewächse), sehr grosse Familie, z.B. Birne, Apfel, Pflaume, Mispel, Weissdorn, Vogelbeere. Rosa canina hat nichts mit Kaninchen zu tun, sondern mit canis = Hund (Hundsrose); caninus jedoch heisst hundsgemein.

[23] Trolle (troll): altnordische Riesen. Auf Island und in Norwegen sind sie in spätmittelalterlichen Märchen immer noch grösser als Menschen und abgrundhässlich; in Schweden und Dänemark werden sie zum verzwergten Huldrevolk der Wechselbalgsagen.

[24] Die Inquisition. Kirchengerichtliche Verfolgung des falschen Glaubens, erstmals 380 n. Chr., 1232 vom Papst Gregor IX. fest eingerichtet, seit 1542 der heutigen «Glaubenskongregation» unterstellt. Erste «Hexen»-Verbrennungen noch vom Volk selbst angestellt aufgrund alter germanischer Strafbestimmungen gegen Zauberei, von der Kirche abgelehnt. Nach 1260 übernahm die Kirche die Teufelspaktlehre des Thomas von Aquin und griff selbst zur Verbrennung. Die Zahl der Todesopfer wird auf 100000 geschätzt, ebenso viele Angeklagte wurden ihrer Habe beraubt und verbannt. In der Schweiz grassierte die Inquisition mit etwa 10000 Opfern überproportional. Ein klares Schuldbekenntnis der Kirche gibt es bis heute nicht. Hexen und Hexenverbrennung, dtv Dokumente, München 1988; Carlo Ginzburg: Der Inquisitor als Anthropologe, in: Das Schwein des Häuptlings, Beiträge zur historischen Anthropologie, Wagenbach, Berlin 1992.

[25] Weissdorn (Crataegus laevigata und monogyna) gilt als magischer Baum der Kelten; wo ein Weissdorn steht, vermuten Neodruiden die Anwesenheit keltischer Magier. Wahrscheinlich war aber der Schlehdorn gemeint (Prunus spinosa), dessen Früchte seit der Steinzeit wichtiger Wintervorrat waren. Der Schlehdorn ist als keltischer Feenbaum weit deutlicher belegt als der Weissdorn; vermutlich wurde er bei der Aufzeichnung der Mythen im Hochmittelalter mit dem Weissdorn verwechselt.

Geschwister, wie schon der Grieche Antagones sagte, er hat es natürlich nie laut gesagt. | Du siehst, nirgends lässt sich schöner über Eichen und eichene Zusammenhänge nachsinnen als auf der Wildensteiner Witweide, ein Wort, dessen Wurzeln etymologisch verwitwet zu sein scheint, ich weiss aber glücklicherweise, dass es hierzulande Waldweide bedeutet hat. Die Eichen von Wildenstein verblüffen schon durch ihre Anordnung, sie sind weder Wald noch Solitäre, sondern beides. 300, 400, 600 Jahre alt, verstreut vor dem richtigen Wald, herüberragend aus einer Zeit, da der Wald zum Fressen da war, man trieb das Vieh hinein, Schweine, Kühe, Ziegen, Pferde, was immer Fleisch oder Milch gab, Wildschweine, Hirsche, Rehe nicht gerechnet. Das war der Weide-, Hute- oder Hudewald, man könnte auch, wegen dem Fressen, das vor der Moral kommt, sagen, der Hudelwald, wie ihn die Mittelmeerländer noch heute schön vorführen, und aus denen als einzige hohe und mächtige Bäume Eichen und Buchen hervorragen, frei geschlagen, damit sie breite Kronen bilden und reiche Mast von Eicheln und Bucheckern liefern konnten. Der Waldrest, der drumherum übrig blieb – Macchia, Macis, Niederwald – lauter menschen- und tiergemachtes Filzicht, ist lustig anzusehen: Wo noch Bäume sind, folgt der Blattansatz rasiermesserscharf der Höhe emporgereckter Rindermäuler, und die Krone hat sich durch unablässigen Verbiss zur trittfesten Plattform verdichtet, auf der freudig widerkäuend die Ziegen stehen. Du wirst dich ja nicht wundern, weshalb Ägäis «Ziegenland» bedeutet – Ziegen, lauter Amaltheas, die Ammen des Zeus[26], der ein Eichengott war, weil er Blitze zu schleudern verstand, vornehmlich in seine eigene Eichenwohnung, eine Art göttliche Rohrkrepierer, jedenfalls furiose Widersprüche, die ich an den Religionen am meisten liebe und stets hoch gespannt bin, wie die Götter davonkommen, wenn sie schon die Logik verachten. | Auch die Germanen hatten ihren geissenverbundenen Donnerer, den Thor – hafra dróttin, Herr der Ziegen, nennt ihn eines der Eddalieder – zu alemannischen Zeiten war er wohl auch den Wildensteiner Eichen nicht fremd. Sie waren auch ihm so heilig, dass er, auf seinem von zwei Böcken gezogenen Wagen wild am Himmel herumgewitternd, seine Wohnbäume mit dem Blitzhammer Mjöllnir am liebsten im Dutzend spaltete, ich bräuchte keine DNA-Analyse, um ihm einen gemeinsamen Stammbaum mit Zeus nachzuweisen. Leider hat er nicht an den Blitz gedacht, als der Mönch Bonifaz und der Kaiser Karl seine heilige Riesen-Eiche im hessischen Geismar[27] umlegten. Da Thor nicht eingriff, wahrscheinlich schlief er gerade sein letztes Gelage aus, erkannte Karl, dass sein neuer Gott grösser war, und nannte sich sofort «der Grosse», die üblichen Anmassungen schon damals, wie du siehst. | Thor war übrigens als stärkster Asengott – die andere Familie waren die Wanen, die Fruchtbaren, ich erwähne das nur, um klärend zu wirken – unablässig dabei, Riesinnen und Riesen, die Delegierten des Chaos, zu erschlagen, wurde dann aber in spätgermanischer Zeit mehr und mehr zum Fruchtbarkeitsgott der Bauern. Er hat seine Sache so gut gemacht, dass wir immer noch zu viel Natur haben. Sie lässt ihre Früchte so intensiv abfallen, dass an unserem Abfall sogar weit entfernte Landstrichmenschen verhungern, auch die ungeboren geschützten Kinder sind ganz merkwürdig schutzlos, man gibt ihnen nicht einmal Eicheln zu essen, von denen wir lange vor dem Kaffee gelebt haben, sie haben keine Eicheln, sie haben Sand und Wind und

Doppelseite 22/23: Die Eichen des Schlosses Wildenstein, Gemeinde Bubendorf, sind Reste einer einstigen Wald- oder Witweide und wurden vor allem für die Schweinemast genutzt. Eichen (und Buchen) waren hierfür die wichtigsten Fruchtbäume. Um 1700 bestanden fast alle Waldungen des Schlossgutes aus Eichen. Der heutige Rest besteht aus noch 50 bis 60 Stieleichen (Quercus robur) und vereinzelten Traubeneichen (Q. petrea) im Alter von 400 bis 600 Jahren (die mit 800 Jahren älteste Eiche existiert seit den 1970er Jahren nicht mehr). Während des Zweiten Weltkriegs war geplant, die Wildensteiner Eichen dem Kartoffelanbau zu opfern. Heute steht die alte Witweide unter kantonalem Naturschutz.

[26] Hans Peter Dürr, Physiker, ehemaliger Direktor des Max-Planck-Instituts München: «Die Aufklärung hat uns soweit erleuchtet, dass wir heute wissen: Ein Blitz ist keine von Zeus geschleuderte Waffe, sondern eine elektrische Entladung.» Stieleichen bevorzugen feuchte bis nasse Standorte und ziehen daher den Blitz besonders an.

[27] Berühmte Thor-Eiche, wurde im 8. Jahrhundert vom Mönch Bonifaz gefällt. Heilige Orte der Germanen waren heilige Haine und Einzelbäume; namentlich bekannt sind jedoch nur drei: die Welt-Esche, die heilige Eibe zu Uppsala und die Thor-Eiche. Um welchen Baum (wenn es ein Baum war?) es sich bei der Irminsäule auf dem hessischen Eresberg handelte, ist ungeklärt. Die Irminsul wurde 772 von Karl dem Grossen zerstört.

Hohle Eiche; die Kelten sahen darin den Durchgang vom alten ins neue Jahr.

Fluten und Holzfäller und Gentechnologen, die ihnen nachts die Mangobäume stehlen und tags darauf neues Mango-Erbgut verkaufen, vermutlich eine neue Technik der Erbschleicherei, weshalb bei uns Mangos so billig sind. Auch gibt es neuerdings wieder spanischen Schinken, ich kaufe ihn immer samstags, der auf würziger Eichelmast beruht. Allerdings ist mir entgangen, worauf das täglich Brot der fernen Landstrichmenschen ruht, wahrscheinlich auf der Ausfuhr dieser ungeheuer teuren Edelhölzer, an denen sich noch das letzte Indiodorf satt und fett verdient. Ich begreife gar nicht, weshalb die immer wieder solchen Terror machen. |

Übrigens waren die bizarren Auswüchse der Wildensteiner und anderer Eichen weder Herbergen der Andersweltbewohner, obwohl ich durchaus an dieser Vorstellung hänge, noch Teufelswerk, sondern meist durch Tritt und Verbiss entstandene Hinterlassenschaft des einst waldweidenden Viehs. Die letzten Eichen von Wildenstein waren früher auch kein isolierter Bestand. Ein Plan von 1680 beschreibt alle Waldungen des Schlossguts als ausgedehnte Eichwälder, ich hätte sie gerne so *mürrisch brausen* hören wie einst in Lenaus Gedicht – leider gibt es auch die Ungnade der späten Geburt.

Ursprünge des Zeus / dbs. 8/01

Wildensteiner Eichen mit Weissdorn
im Winter.

Mit der Stadt **BASEL** bin ich verwandt. Mein Vater hat dort studiert, und Johann Peter Hebel hat im Haus meiner Grosseltern, das zwar gar nicht in Basel liegt, Latein gelernt. Ich war mit meinem schnell am Ende, vermochte das auch nie mehr auszubügeln, es gab damals noch keine Koedukation, obwohl wir schon heftig kooperierten. Solche Gelegenheiten verschafften mir früh ein Verständnis für den Begriff «Dreiländereck». Wo immer wir uns niederliessen, auf einem Hügel im Badischen oder im Elsässischen oder auf dem Münsterturm, stets sahen wir drei Länder. Und stets sahen wir viel Wald, viel Rhein und in der Stadt Einzelbäume und keine Grenzen, wie zu jenen Zeiten, als die Basler sich die Bischöfe vom badischen Schloss Rötteln holten, jetzt haben sie nur noch den Badischen Bahnhof, und immer noch Grenzen, während die andern schon wieder keine mehr haben, gemeinsam und passlos über Gutedel und Gewürztraminer hocken. Vielleicht liegt den Baslern auch einfach das Dionysische nicht, selbst am Barfüsser habe ich noch nie einen barfuss laufen sehen. Vielleicht braucht es dazu Gras, einen Garten, womöglich einen Kräutergarten? Sie gehen jedenfalls auf leisen Sohlen, die Basler Botaniker, bringen es sogar fertig, sich aus der Liste der Namensgeber im «Handwörterbuch der Pflanzennamen» herauszustehlen, wo ich auf die «Bauhinia» stosse: acuminata, racemosa, variegata und yunnanensis, vier Hülsenfrüchte tragende Bäume, hinter denen die Basler Bauhin stehen, Johannes (1541–1613), der neue Massstäbe der Pflanzenbeschreibung setzte und die botanischen Gärten von Lyon und Montbéliard gründete, und Caspar, der die binäre Nomenklatur vorbereitete, wer es nicht weiss, wird es nie entdecken, es sei denn, er kenne einen Basler Botaniker und werfe ihm ein spontanes «Bauhin» zu. Dann erführe er Obiges. | Ich möchte natürlich nie ungerecht sein, aber der grösste Gärtner und Botaniker der Stadt hiess Rainer Brambach, ein Dichter bloss, aber so berühmt, dass vermutlich mehr Basler wissen, wer Bauhin war. Wenn Natur und Baum zum Gedicht wurden, dann in seiner Botanisiertrommel, die nichts für das konnte, was mit heroischeren Trommeln botanisiert wurde. Da habe ich meinen Standpunkt und den vertrete ich bis zum letzten Krümel. Brambach ist 1983 gestorben. Da habe ich nicht seine Werke hervorgeholt, sondern den Hebel und laut gerufen: *Wie mainsch, sieht's uus dernoo?* Für Brambach steht deshalb *die Rosskastanie zu St. Marien* hier und der Schluss dieses Gedichts «Bäumig», das entstand, weil ihm an diesem Tag nichts Lohnendes aufgefallen war – bis ein Baum hereinkam: *Ein Baum an unserm Tisch, / das lohnt sich aufzuschreiben. / Ein Baum, der Wein statt Wasser will, / das lohnt sich aufzuschreiben.* Und auch dies schrieb der Dichter: *Dieses Land / ist ein steinhartes Gedicht voll holpriger Zeilen.* Ich denke, er dachte an die allzu vielen Rechner. Brambachs gesammelte Werke, jedem Manager anempfohlen, auch fürs Büro, und immer vor den Entscheiden zu lesen. | Den Kastanien bin ich schon als Knabe nahe gestanden. Mit einem langen, kräftigen Stock schlug ich auf sie ein, worauf sie mich mit harten braunen Geschossen bewarfen. Ich zahlte es ihnen heim, übrigens eine noch heute verbreitete Zahlungsform, indem ich sie aushöhlte, einen hohlen Holunderstab hineinsteckte und aus dieser Pfeife dürre, zerriebene Kastanienblätter rauchte, ein garantiert sicheres Brechmittel, selbst ohne jeden Miniermottenanteil. Ich erzähle das nur, weil hierin, ich hatte die bewunderte Pfeife meines Grossvaters vor Augen, das Prinzip «Versuch und Irrtum» steckt, das vermutlich schon in der Antike zur Entdeckung von mancherlei Arzneien geführt hat. Hätte ich damals natürlich gewusst, dass die Kastanie kein Brechmittel ist, sondern gegen Wadenkrämpfe und chronisch venöse Insuffizienz eingesetzt wird, hätte ich mich gewiss nicht übergeben, schon gar nicht meiner Mutter, zudem war mir jede Form von Krampf oder Suff völlig fremd. Später erwähnte ein Nachbar, Rosskastanien im Hosensack seien für Rheuma gut. Ich habs versucht, ohne jeden Erfolg, ich habe noch heute kein Rheuma. | Inzwischen genügt es mir, eine solche Kastanie wie diese im Garten zu St. Marien einfach

Doppelseite 28/29: Die Rosskastanie (Aesculus hippocastanum) zu St. Marien in Basel ist der älteste Baum seiner Art im Stadtkanton (Höhe: 12 bis 15 Meter, Umfang: 410 Zentimeter, Alter: zirka 200 Jahre). Sie hat ihre natürliche Altersgrenze erreicht, doch einen Baum, dessen Statur die architektonische Umgebung entscheidend prägt, gibt man nicht so schnell auf. Die Sanierungsmassnahmen haben denn auch etliche 10 000 Franken gekostet, womit sie durchaus weitere 100 Jahre bestehen könnte. Rosskastanien – Blüten, Rinde, Früchte – galten schon im Altertum als heilkräftig und werden auch heute noch in zahlreichen Präparaten verwendet. Der Name «hippo = Ross» leitet sich von ihrem Wert als Haustier- und Schalenwildfutter her.

Der Schatten des Schattenrisses der Rosskastanie.

anzuschauen, zumal sie ebenso gewinnend zurückschaut, und so haben wir uns gegenseitig gewonnen, eine Art Baumheirat. Diese gibt es auch in Indien, wo eine lebendige Frau beim Tod ihres Mannes nicht verbrannt werden kann, wenn sie sich vor Zeugen auch mit einem Baum verheiratet hat. Übrigens hat man dort, um Frauen verbrennen zu können, die heiligen Veden gefälscht, wie ja überhaupt allerlei heilige Bücher allerlei Kultur gefälscht[28] wurden, selten zugunsten des Volkes, ja ich würde sogar sagen, äusserst selten. Mir ist vor dieser Kastanie zu St. Marien, vielleicht wegen Ephesus[29], vieles durch den Kopf gegangen, meist rinnt es ja bloss durch meine Hände, du weisst, wie schwer es zu halten ist. So frage ich heute, wenn einer Kastanie sagt, schon mechanisch, ob Edel- oder Rosskastanie, zumal diese allerlei irisch-keltische Baumkreise, Baumalphabete oder Baumhoroskope ziert. Es könnte mir ja gleich sein, wie viele Erfindungen der «Weissen Göttin» zu verdanken sind, aber es ist mir ungleich, wenn die Edelkastanie erst nach dem Ende der Keltenzeit nach Irland und die Rosskastanie erst im 16. Jahrhundert nach Mittel- und Nordeuropa kam. Und es ist, verzeih, dass ich ausrufe: beim heiligen Teutates, Esus und Taranis[30], noch viel verworrener, weil römische Schriftsteller mit Aesculus ursprünglich die Steineiche bezeichneten, die denn prompt auch im Baumkreis steht, obzwar die Römer Irland nie kolonisiert haben. Diese Kastanien oder Eicheln jedenfalls hole ich keinem Esoteriker aus dem Feuer, auch wenn La Fontaine sie als Erster erwähnt, ausserdem hat er sie vielleicht selber nicht gekannt, sondern beim alten Äsop[31] geholt. | Aesculus hippocastanum, die also eichene Pferdekastanie zu St. Marien in Basel, lege ich dir nicht sonst wohin, sondern ans Herz. Sie ist, 1805 gepflanzt, was aus den Aufzeichnungen der Familie Bernoulli hervorgeht, die älteste und mächtigste Rosskastanie des Stadtkantons. Sie wurde zur Geburt einer «Frau Labhardt» gesetzt, deren Familie damals der Garten gehörte, bevor die Kirchgemeinde das Land kaufte, um St. Marien zu bauen. Du hast es gewiss bemerkt: Bernoullis – die Mathematikerfamilie, denen wir den Satz von der Erhaltung der Energie verdanken – hielten es für wichtig, die Pflanzung einer immerhin nicht ihnen gehörenden Kastanie festzuhalten. Ich frage mich lieber nicht, was heute in Familienaufzeichnungen festgehalten wird.

[28] Alfred Bertholet: Wortanklang und Volksetymologie, o. O. 1940: «Wo es in Indien die Witwenverbrennung durch die heilige Schrift zu legitimieren galt, scheute man sogar vor der Textfälschung einer Rigvedastelle nicht zurück, wo aus agre = vorne, fort, ein agneh = des Feuers gemacht worden ist.»

[29] In Ephesus, in der heutigen Türkei stand das Hauptheiligtum der griechischen Artemis, einer ursprünglich kleinasiatischen Grossen Mutter; es war eines der sieben Weltwunder. An diesem Ort setzte 431 n. Chr. das Konzil von Ephesus Maria als neue Muttergottheit ein, sie trägt viele Züge der Artemis.

[30] Teutates-Esus-Taranis: gallische Hauptgötter-Triade, wobei Taranis dieselbe Wortwurzel hat wie der germanische Donar (Thor), womit hier auch ein keltischer Donnergott vorliegt. S. u. P. Botheroyd: Lexikon der keltischen Mythologie; Rudolf Simek: Lexikon der germanischen Mythologie.

[31] Aesop (Aisopos), etwa 6. Jahrhundert v. Chr., Phrygien, Komödien- und Fabeldichter, eine der Hauptquellen des französischen Fabeldichters Jean de La Fontaine (1621–1695).

Die **BERNER** sind reformiert, protestieren jedoch selten und wallfahrten höchstens aufs Joch der Jungfrau, von wo aus sie den Mönch in Schach halten. Auch ich pilgere selten, wallfahren liegt mir schon gar nicht, denn ich wüsste nicht, welches der angemessene Schritt und die richtige Beugung des Rückens wäre, den ich ohnehin nicht beugen würde, ausserdem hasse ich wund gelaufene Füsse. Römische Legionäre legten zur Blasenabwehr den einst unter den Schutz der Artemis gestellten Beifuss in ihre Sandalen, es war mir ein Selbstversuch wert. Leider scheint das Kraut christianisiert worden zu sein und dadurch das heidnisch Apotropäische[32] gänzlich verloren zu haben, es hilft jetzt bestenfalls noch zur Entwurmung. | In einem besonderen Fall allerdings pilgern wir doch und gemeinsam, die Berner und ich, nämlich in den Dürsrütiwald bei Langnau, wobei ich freilich nicht weiss, ob alle Berner, also auch die Bernerinnen, dorthin pilgern, aber die «Hölzigen» sind immer dabei, ja, nicht nur die Berner und nicht einmal bloss die Schweizer. Wer immer holz- und gehölzkundig ist, Förster, Forstprofessoren, Staudengärtner, Direktoren botanischer Gärten, neuerdings pilgern sogar Genetiker auf die Dürsrüti. Ich weiss jetzt, weshalb die Berner so sehr an dem bekannten Liedlein hängen: «Het eine tannigi Hose aa und hagebuechig Strümpf»[33], denn auf der Dürsrüti stehen Tannen. Ich habe im Schwarzwald zwei oder drei solche Riesen gesehen, hier aber stockt auf 900 Metern ein ganzer Wald davon, und dir und mir, ganz abgesehen von den andern, stockt ein wenig der Atem. Üblicherweise neige ich ja dazu, auszuweichen, mich zu verdünnisieren, wie man sagt, wenn man mich klein und dünn machen will, etwa in gotischen Kathedralen, deren Säulen ich mir dann meistens als Wald vorzustellen versuche und den Kirchturm als höchsten Baum darin, woher die Tempelarchitektur ja auch kommen soll – heiliger Hain, heiliger Baum, Weltenbaum, ein altes Gehäuse für alte Mächte, man wird gewisse Vorstellungen auch dann nicht los, wenn der Inhalt des Gehäuses wechselt. | Unterwerfungen unter religiöse Gewölbe habe ich stets erfolgreich abgewehrt, was bisher allerdings mein einziger wirklicher Erfolg war, worauf fromme Leute immer wieder schadenfreudig ihre berüchtigten Zeigefinger legen, von denen sie mehr als zwei zu besitzen scheinen. Einmal nur bin ich ziemlich weich geworden, in der Krypta des Doms von Otranto, wo eine sonst nirgends bekannte Vielfalt von Säulen die 900 Jahre alten Gewölbe trägt. Säulen zur Ehre unseres europäisierten Himmels, aus allen Himmelsrichtungen herangekarrt, getragen und geschifft und wahrscheinlich nie bezahlt, Säulen aus Ägypten, aus Syrien, Mesopotamien und Griechenland, aus Rom und anderen Gefilden anderer Seligen, aber es gelang mir auch hier ins Bild des Waldesdoms zu flüchten, ja mir sogar einen *steinernen* Wald vorzustellen, ich machte mich sozusagen familiär mit ihm, gerade rechtzeitig, obwohl ich heute noch nicht weiss, wann es Zeit und ob es dann auch recht ist. | In einem Wald wie dem Dürsrütiwald habe ich nie das Gefühl, mich ducken zu sollen, mögen die Tannenriesen noch so dominant in den Himmel ragen, allenfalls ducke ich mich im Wald vor zeitgenössischen Sturmdämonen, die so hübsche Namen tragen wie Vivian oder Lothar, wobei der namengebende Meteorologe an die Geliebte Merlins und den fränkischen Kegelbahnkönig[34] ums Jahr 800 gedacht haben mag, was uns wieder bei Baum und Holz landen lässt, und ich mich frage, ob einer, der solche Namen für waldverheerende Windkräfte erfindet, einem archaischen oder einem typischen Ausdruckszwang unterliegt, womöglich beidem, wenn ich Jung folgen will, aber so brav bin ich nun auch wieder nicht. Mich beeindruckt einfach diese tannenbaumsenkrechte Himmelsstürmerei der Natur, die auf einer Säulenbasis von über vier Metern in 53 Metern Höhe zwar noch einen Orkan duldet, aber keinen Engel mehr, der auch noch «Frieden» rufen soll. Diese Tanne, die drei Jahrhunderte überdauert hatte, gibt es freilich so wenig mehr wie jene, die später mit 377 Jahren nach 57 Metern Leben und Wachstum einstellte. | Das waren freilich nur die zwei mächtigsten eines

[32] Apotropäisch = Unheil abwehrend.

[33] Hat einer tannene Hosen an und hainbuchene Strümpfe ...

[34] Lothar I. (795–855), römischer Kaiser, erhielt bei der Teilung des karolingischen Imperiums das schmale Mittelreich von der Nordsee über Loth(a)ringen, Rhonetal bis Italien, genannt «die Kegelbahn».

Dürsrütitanne Nr. 165: Elf Kinder und Erwachsene sind nötig, den gewaltigen Stamm zu umfangen.

Doppelseite 34/35: Die Dürsrütitannen (Abies alba) bei Langnau im Emmental, Gemeinde Lauperswil, stellen den wahrscheinlich grössten geschlossenen Weisstannenwald Mittel- und Westeuropas dar. Die Stammstärken liegen heute zwischen 230 und 450 Zentimenter Umfang, die Wipfelhöhen liegen im Maximum über 40 Meter, das Alter liegt zwischen 250 und 350 Jahren. Der Berner Regierungsrat hat diesen Wald schon 1947 als Naturdenkmal geschützt, das heisst forstwirtschaftlicher Pflege unterstellt. Streng genommen sind die mächtigen Tannen indes kein Naturdenkmal, sondern eines unterbliebener Nutzung. Der Wald im Emmental war ein so genannter Sparhafen seiner Besitzer, eine Rückendeckung in Krisenzeiten oder sorgte für Arbeitsplätze im Winter. Der Sparhafen Dürsrüti musste jedoch nie geleert werden, und so blieb ein Wald erhalten, den heute jeder reisende Förster Europas kennt.

ganzen, vier Hektaren grossen Waldes von Weisstannen, die der Botaniker Abies alba nennt, deren Zapfen aufrecht auf den Ästen stehen und fast nie zu Boden fallen, weshalb was wir am Boden finden, keine Tannenzapfen, sondern Fichtenzapfen sind, die an den Ästen hängen und aus artgemässen Gründen irgendwann vom Hängen genug haben. Dann fallen sie und werden als Tannenzapfen gefunden, jedenfalls volksmündlich, so, wie der Tannenbaum meistens und weil billiger ein Fichtenbaum ist und bleibt. Die Wandlung vom Fichten- zum Tannenzapfen scheint im Flug zu geschehen, jedenfalls ist sie eines der beiden ungelösten Rätsel des Abendlandes. Das andere ist das Osterei. Wer also auf der Dürsrüti einen Zapfen findet, wird sich stets fragen müssen, wo die zugehörige Flasche ist, es sei denn, er fände eine Fichte, womöglich weit entfernt, was dann auf wandernde Eichhörnchen hinwiese, die schon bei den Germanen als «rerhü ferrièh tsiròton»[35] galten. Indes, es sind, wie du weisst, tatsächlich Weisstannen, die «wahrscheinlich» grössten von ganz Europa.

Die Annalen dazu sind durchaus lehrreich, sofern eine Neigung zum Lernen besteht, die allerdings nicht sehr verbreitet sein soll. Ein solcher Wald mit solchen Bäumen verwurzelt sich nämlich nicht nur in den Köpfen der Besitzer, er wurzelt noch viel tiefer in jenen, die ihn gerne als jene berühmten Bretter, wenn nicht gar als fournierte Schränke vor den eigenen Köpfen sähen. So hob denn, als der letzte Besitzer gestorben und der Dürsrütiwald sozusagen ein Waise geworden war, ein grosses landesübliches Rechnen an, wie es sich für eine Wertegesellschaft ziemt: Zuwachswerte, Holzwerte, Vorratswerte, Ertragswerte; da muss vor den zu erwartenden Stocks auch den andern, die ich wohl schon erwähnt habe, ebenfalls der Atem gestockt sein, denn das Kreisforstamt schrieb ohne Rücksicht auf vielleicht höchst einflussreiche Namen, damals sah man, wie du erkennen kannst, noch nicht so intensiv zurück, es schrieb also *Gross war die Zahl der Spekulanten, die nur auf diesen Zeitpunkt gewartet hatten,* und ich schätze mich, fast 100 Jahre später, glücklich, wie weit doch seither die Verbesserung Europas fortgeschritten ist. Gegen alles Rechnen indes verteidigte damals der Kanton Bern, übrigens gemeinsam mit *den wenigen Besorgten,* siegreich den Morast des unnützen Naturschutzes, und ich mag mir gar nicht vorstellen, welche heutige Partei nach einer solchen Werteverschleuderung am liebsten den Freitod gesucht hätte. Kanton, Bund und Gemeinde jedenfalls wurden ohne ersichtlichen Value zu Shareholdern des Dürsrütiwalds, woraus ich, zwar mit aller Vorsicht, denn die Dürsrüti ist kein wie man sagt «astreines Reservat», entnehme, dass das Emmental gewillt ist, seinen Ruf nicht nur mit löchrigem Käse zu erhalten.

Im Besonderen sollten wir uns aber, entgegen meiner sonstigen Abneigung gegen jede Art der Enthaltung, enthalten, diesen Wald allzu oft zu besuchen. Die grosse Tanne wurde 1947 nicht gefällt, weil sie schon 1777 bis auf 29 Meter Höhe entastet worden war und danach nicht mehr so lustig weiterwachsen wollte, was ich ihr nachfühlen kann, und auch nicht, weil eine andere im Sturm fallende Tanne sie beschädigt hatte; sie wurde gefällt, weil *durch die vielen Besucher der Boden festgetreten und verdichtet wurde und die Krone lichter und lichter zu werden begann.* Sie wurde übrigens gefällt in Anwesenheit des Bundespräsidenten Etter, des eidgenössischen Oberforstinspektors, vieler Forstleute und Waldfreunde, und das *im tief verschneiten Wald,* und ob dem allem, verzeih, stockt mir schon wieder der Atem. Eine so bäumige Ehrenbezeugung gabs bisher nur bei Gottfried Keller[36], als die grösste Zürcher Eiche gefällt wurde, aber es war kein Bundespräsident dabei und auch kein Bundesrat, und der «Göpf» war über die Szenerie ziemlich sauer, und die Shareholder waren über den Value ziemlich glücklich, und nun sind sie alle gestorben.

[35] Neugermanisch: Notorische Irreführer – rückwärts gelesen.

[36] Gottfried Keller: Das verlorene Lachen, in: Die Leute von Seldwyla.

Wie leicht das klingt – **FREIBURG.** Und schon wieder melden sich meine Schwierigkeiten. Welches Freiburg? Beide haben berühmte Kathedralen, beide berühmte Universitäten, beide liegen in Flussschleifen, in beiden schwätzen die Einheimischen alemannisch, alles typisch zähringisch. Ja, mit einigem guten Willen, und willig bin ich eigentlich immer, könnte man sagen, dass beide zweisprachig sind, wenngleich im andern Freiburg gelegentliches Französisch verblüffend nach Elsässeralemannisch tönt. Es gibt eine Erwähnung, ich gebe zu, sie ist ziemlich entlegen, wonach die Zähringer[37] zwei «Freiburge» gebaut hätten, um den Feind irrezuführen. Sie liessen ihn sozusagen ins Falsche laufen, dorthin, wo sie nicht waren, vielleicht spielt deshalb das Laufen in dieser Geschichte eine Rolle. | Wie es die Zähringer mit den Bäumen hielten, weiss ich nicht, aber wenn ich mich auf die Militaria der Zeit verlasse, Militaria sind die verlässlichste Tradition, jedenfalls unter Primaten, dann hielten die Zähringer Bäume vorzugsweise in den Händen und nannten sie Lanze oder Streitaxt oder Armbrust, weshalb ich noch heute in diesem wie jenem Freiburg jedem umschlingungsbereiten Arm misstraue, er könnte eine schussbereite Brust am Busen verborgen halten, womit auch keinem Busen zu trauen ist; denn wer garantiert mir, dass neben diesem nicht ein umschlingungsbereiter Arm lauert, wenn nicht gar ein zweiter. Den Zähringern hat ein solcher Umgang mit dem Baum offenbar nicht gut getan, denn die älteren starben 1218, ich habe mich kundig gemacht, im Mannesstamm aus, wohingegen Frauen keine Stämme bilden, nur Linien, die die Männer untereinander verbinden, sonst aber schwer zu sehen sind, womit freilich nicht der ganze Zähringerbaum ins Wanken kam; denn die jüngeren leben noch, verscherbeln derzeit das badische Haus, und ich fürchte wieder einmal, es könnten anstelle brüchiger Armbrüste auch einige stolze Wälder, Stämme und Alleen dabei sein. | Womit ich nicht gesagt haben will – ich scheue Juristen grundsätzlich –, die Zähringer hätten mit Bäumen nur Verderbliches zu schaffen. Bloss, bei den einen Freiburgern stehen die berühmten Windbuchen weit weg auf dem Hausberg Schauinsland, bei den anderen Freiburgern stand die berühmte Linde mitten in der Stadt, und weil sie «Murtenlinde» hiess, besuchte ich sie das erste Mal in Murten. Die Murtner akzeptierten mein Rückzugsargument, dass ich ja weder Teilnehmer der Schlacht noch der Meldeläufer gewesen wäre und somit von der wahren Begebenheit wenig wissen könnte. Allerdings weiss ich von den Wahrheiten auch sonst herzlich wenig, wenn ich endlich ankomme, sind sie meist schon verpachtet, weshalb ich mir ein zweiflerisches Gemüt zugelegt habe, seither gelte ich bei solchen Pächtern für unsympathisch. | Alte Märchen werden häufig mit einem *Es begab sich* eingeleitet. Taucht diese Formel indes irgendwo anders auf, ist sie mir höchst verdächtig, denn wahrscheinlich hat sich jenes nie begeben, und schon gar nicht irgendwohin, ausser vielleicht zu jenen Geschichten, die mir etwas weiss machen wollen. Ich hingegen benütze nie solche Weissmacher, sondern wasche mich stets mit allen Wassern. Was mich denn auch befähigte, in der Geschichte der Murtenlinde sofort zu erkennen, wie es sich begeben hatte, dass Fribourg zum wahrhaft mythischen Baum der Schweiz gekommen war: Am 22. Juni 1476 hätte Karl von Burgund die Belagerung Murtens abbrechen und nach Hause gehen sollen, aber nein, er dachte, er hätte genug Mannen mit Bäumen in den Fäusten, und diese Kühnheit kostete ihn seine Kühnheit und einen Nibelungenschatz, so überwältigend, dass die Eidgenossen, Arme und Brüste gespannt, mit Neidgeschossen hintereinander kamen. Aber vorher hatten sie einen Läufer nach Freiburg geschickt, der den Sieg meldete und sofort verstarb. Das

Doppelseite 38/39: Offiziell sollte die «Murtenlinde» in Freiburg von der Schlacht von Murten im Jahr 1476 und dem Sieg über Karl den Kühnen von Burgund künden, einem ruhm- und beutereichen Kapitel eidgenössischer Geschichte. Mit den Jahren allerdings entpuppte sich der «Sieges- und Erinnerungsbaum» als Legende, denn er war schon sechs Jahre vor der Schlacht gepflanzt worden – vermutlich zur städtebaulichen Verschönerung und als ästhetischer Fixpunkt der Flanierenden. Das änderte freilich nichts an seiner Bedeutung als lebendes nationales Monument. 1986, die Veteranin litt ohnehin unter dem bedrängenden Verkehr, beschädigte sie ein Auto so schwer, dass sie ihr langes Leben aufgab. Drei Jahre später setzte man ein Reis von ihr am Rand der Altstadt in den Boden und wünschte auch diesem ein langes Leben.

[37] Schwäbisches Hochadelsgeschlecht ab 11. Jahrhundert. Ältere Linie (1218 männlich ausgestorben) gründete Freiburg im Breisgau, Freiburg im Üechtland und Bern. Jüngere Linie ab 1078, Markgrafen und Grossherzöge von Baden, existiert noch. Zähringerstädte sehen alle (fast) gleich aus.

Lindenreis an seinem Hut wurde in den Boden gepflanzt und «Murtenlinde» getauft. 1985 fuhr ein Trunkener in den knorrigen Rumpf des 500-jährigen Siegesbaums. Die Freiburger räumten die Stückelung ab und pflanzten, ungefährdet am Rand der Altstadt, ein Reis der alten Linde, von dem ich mir erhoffe, dass es künftig nicht an den Sieg des Automobilisten erinnere. | Ich werde an der «Murtenlinde» nie rütteln, obwohl ich sonst jedes Schlachtendenkmal für überaus rüttelungsbedürftig halte, um nicht zu sagen zerrüttelungsbedürftig. Siege verwischen ja nur die Niederlagen, die ihnen vorausgehen und die sich dann prächtig wiederholen, und ich frage mich schon lange, weshalb man sich, in voller Kenntnis der Sieglage, ständig so niedersiegen muss, wo es doch so viel schönere Arten gibt, sich niederzulegen, manche davon seien ausgesprochen erregend. Trotzdem sind die Eidgenossen von Murten noch bis Marignano gelaufen, aber da war kein pflückreifes Siegesreis mehr, nur die vom Franzosen blutig geschundene Haut haben sie nach Hause gelaufen. Wir tun uns ja gern mit Einsichten gross, wenn die Aussichten sowieso nicht mehr rosig sind. | Du merkst, ich weiche dem Schluss der Geschichte aus. Die Wahrheit macht mich stets verlegen, man gerät leicht in Brandgeruch, und das Haus, in dem ich wohne, heisst zu allem hin «Bidermann», wiewohl auch ich weiss, dass die Brandstifter meist selber «Fürio» rufen. Ich rette mich also mit der Wahrheit zu den Freiburger Historikern, die sie schon 1850 freilegten[38]: Die Murtenlinde ist keine Siegeslinde, eine Gewissheit aus Plänen und Chroniken – die Linde war schon sechs Jahre vor der Schlacht gepflanzt worden, was mich mit der Geschichte doch sehr versöhnt. Die Linden-Saga selbst kam überhaupt erst 244 Jahre nach Murten in Gang, und ich stelle mir lebhaft vor, wie «thrilling» das «feeling» in den Freiburger Stuben und Salons gewesen sein muss, als 1720 im Bericht des Nehemia Vegelin van Claerbergen, eines erfindungsreisenden Holländers, zu lesen war, dass *dieser Baum* 1476 *in Erinnerung an die Schlacht von Murten gepflanzt worden sei.* Der Holländer muss bereits einheimische Einflüsterer gekannt haben, jedenfalls wuchs sich die Linde rasch zur Mythe aus. 1776 dichtete ein Kollegiumsprofessor schon vom *Denkmal unserer Freiheit,* 1786 ist der Engländer Coxe da, bei dem dann jener Meldeläufer der Schlacht auftaucht, der die Linde gar selbst gepflanzt habe, bevor er starb. 1798 glauben die einmarschierenden Franzosen schon fest daran und setzen der Murtenlinde einen Freiheitsbaum in die Krone, und da ruft die Ironie der Geschichte laut und vernehmlich, das schlage dem Fass die Krone ins Gesicht – eine doppelte Symbolik ist entstanden: Glaubend, die Linde repräsentiere einen Sieg über die Franzosen (und wohl gleichzeitig die bernische Unterjochung der einst französischen Waadt), bedeutete der Freiheitsbaum in der Linde den Franzosen nun eine Sühne für ihre Niederlage von 1476 und jetzt auch noch die Befreiung der Waadt, wiederum durch Franzosen. Bezogen auf den Baum: Alles falsch, die ganz Symbolik ein blosses *Als ob,* aber selbst wenn einer dies bemerkt hätte, hätte er geschwiegen, denn Symbole sind schön, und selbst die falschen sind mächtig, und von Bäumen ist nicht zu erwarten, dass sie aussprechen, was sie wissen. | Ich verlange ja nicht, dass mir jemand alle 25 000 Baumarten der Welt aufzählt, stelle aber fest, dass mit jedem Generationenwechsel ein Baumwissenschwund einhergeht. Was, zum Beispiel, ist eine Linde? Im Frühneuhochdeutschen, habe ich gelesen, stand das Wort *Linde* für den heiligen Baum und für den heiligen Hain. Im heutigen Neudeutschen scheinen die meisten Bäume Vivian oder Lothar zu heissen, im Zweifelsfall sagt man am besten «Baum». Aber die Murtenlinde war eine Linde und wirklich heilig. Pate stand das nationale Eigenlob und ein gewisser F. Küenlin, der 1822 den jährlichen Murtenläufer erfand, der seitdem unverdrossen von Murten nach Freiburg läuft, einen «Lindenreis» zu bringen und «Sieg!» zu rufen hat, wofür er indes nicht mehr sterben muss, wie man mir glaubwürdig versicherte. Jedenfalls nicht sofort. Froh bin ich jedoch, dass wegen Murten nicht jedes Jahr am 22. Juni eine schweizerische Patriotendelegation[39] mit helvetischen Bannern durch französisches Gebiet marschiert, wie das

[38] Moritz Boschung: Murtenlinde und Murtenlauf in Sage und Wirklichkeit, Beiträge zur Heimatkunde 1972.

[39] Hochsavoyen war Teil der Beute aus dem Sieg von Murten. Bis in die erste Hälfte des 20. Jahrhunderts gab es tatsächlich eine Bewegung, die Anspruch auf dieses französische Departement erheben wollte, wenn nötig mit Waffengewalt.

Bandagiste
AGISTE
H. PARIL
ORTHOPEDISTE
R. MEICHTRY
ARTICLES SANITAIRES
Route des Alpes

anderswo auch nach 300 Jahren noch in gottesfürchterlicher Weise als lebendige Geschichte gelehrt wird. Hochsavoyen gehörte ja eigentlich zur Burgunderbeute und ist streng genommen seit Murten schweizerisch, womit aber der Zugang zur EU auch wieder nur nach Süden hinaus- oder hinuntergeschoben wäre. Man könnte das ja unter der mächtigen Linde im savoyischen Féternes ausmarchen, Entscheidungen unter Linden sind nach alter, wenn ichs recht bedenke sogar uralter Tradition rechtsgültig, Bern und Paris hätten sich zu beugen. Ich empfehle aus politökonomischen Gründen einen Zweikampf der Staatsoberhäupter, das müsste echt bäumig sein. | Manche Motive sind zu gut, als dass sie je vor Kopisten sicher wären. Der *Murtenlauf* ist mir daher besonders lieb, erinnert er doch daran, dass ein offenbar des Altgriechischen kundiger Freiburger, womöglich gar eine Freiburgerin, sich im 18. Jahrhundert der Vorgänge von Marathon erinnerte und des heroischen Läufers, der den Athenern 490 vor unserer Zeitrechnung die Nachricht vom Sieg über die Perser brachte und sofort verstarb. Er war 42,2 Kilometer unter attischer Hitze gespurtet, der Murtenläufer nur 16,8 durch helvetisches Waldgelände, seine Kondition muss mässig gewesen sein. Ein Lindenreis wird für Marathon nicht erwähnt, aber mindestens ein Lorbeerreis wirds doch wohl gewesen sein. Denn die Saga vom Baum pflanzenden Siegverkünder hat sich als europakompatibel erwiesen; ich habe sie auch für die Linden auf dem Willisauer «Honig» gefunden. Mir kann seit meiner Beschäftigung mit der Murtenlinde niemand mehr weismachen, *reisg'löuf,* Reislaufen, käme von fremdem Kriegsdienst. Es kommt vom Lindenreis, das der Läufer einst nach Marathon und dann auch nach Murten brachte, und ist somit schlüssig bewiesen. Ich weiss zwar, dass diese Geschichten erfunden sind, aber ich schwöre bei allen Baumgöttern, ich werde auch das Lorbeerreis von Marathon noch finden.

Eine andere Ansicht des legendären Baumes.

Den **GLARNERN** ist der Glärnisch heilig. Mir auch. Denn neben den Zeichen und Wundern, die ich aus welt- und zeitgeschichtlichen Einsichten seit frühester Jugend verwerfe, gibt es Signale aus ferner Zeit, aus der nahen tönt ja nur noch das indiskrete Zirpen dieser handgrossen Rechts- beziehungsweise Linksohrzikaden, zu den fernen Signalen jedoch gehört jenes Gärtchen aus schneeweissem Firn, von dem mir ein Meteorologe sagte, er habe bei seinem Besuch das Weisse unter dem Grauen nicht mehr gefunden. Er sagte es hinter vorgehaltener Hand, die auch schon ziemlich grau aussah, denn die Nachtverhältnisse in einer Demokratie erlaubten kein unvorhandliches Wort, sonst würden sofort wieder Jahrzehnte dauernde Untersuchungen gefordert, ob der Firn, wie behauptet, grauweiss oder nicht doch eher weissgrau wäre, was vielen ja bereits als reinweiss gelte. Ich würde den Firn, wenn es noch hülfe, gerne für dich sauber wischen, von Hand und mit einem Besen, denn das Gärtchen dort oben, ich weiss nicht, weshalb ich die Herkunft erst jetzt entdeckt habe, ist ja dein Gärtchen, Werenas[40] Garten, die eine keltische Fruchtbarkeitsgöttin war, ein behüteter Ort, wo Bäume wachsen und Felder wogen, die man nur sieht, wenn man die Kälte überwindet und ganz tief hineingeht in dieses «Vrenelis Gärtli», das nun, so hoch da droben und allem Schönjodeln zum Trotz, langsam grau wird. | So ist es mit der Anderswelt[41], wohingegen mir in dieser Welt gelegentlich ganz anders wird, wiewohl meine Umgebung, die mich nicht nur umgibt, sondern umgebend beobachtet, behauptet, es wäre keine Veränderung festzustellen an mir, was begreiflich ist, denn dazu müsste man mich stellen, dann sähe man den Werwolf[42], den schon die Griechen kannten und den die Amerikaner im Kino dauernd erlegen. Meist ist es ein Referend, was zu diesen oder jenen Schlüssen verleiten könnte, wohl eher zu jenen. Aber ich bin kein Referend, und mich erlegt man nicht so leicht. Leider aber ist mir die Gabe der Werwolfverwandlung abhanden gekommen, manchmal stellen sich noch diese spärlichen fünfzehn Haare in meinem Nacken, ich zeige sie niemandem, man würde mir den Werwolf nicht abnehmen, sähe mich höchstens tränenblind. | Gesträubt haben sie sich trotzdem, wegen der *Fachtbuche* in Mollis. Sie stand im Ruf, eine der mächtigsten Buchen der Schweiz zu sein, man hat ihr das Stehen und den Ruf ausgetrieben. Sie entfaltete ihre mächtige Krone an einem schmalen Bergsträsschen, das eigentlich nur die Bauern befuhren und die Holzer und der Förster und vielleicht der Gemeindepräsident zwischen zwei Sitzungen, wenn er die Übersicht verlor und Weitblick benötigte. Doch es muss geheime, uneigentliche Gründe gegeben haben, jedenfalls mehr als die Drohung, sie könnte in einem *worst case* einen Vorüberfahrenden erschlagen, von Vorübergehenden habe ich nichts gehört, dass der Förster sie nicht einfach fällte, sondern mit Verve in die Luft sprengte und der Förstersohn den Crash einer auseinander fliegenden Riesenbuche filmte, es muss etwas Uneigentliches *umewäg*[43] gewesen sein, eine Buchennymphe vielleicht oder Fagus, der keltische Buchengott persönlich, oder sonst ein teuflisches Heidenungeheuer, die sich ja auch in Rom wieder dauernd aus den Untergründen emporschaufeln sollen. Dem ist zu wehren, und Förster und Förstersohn waren glücklich, so wehrhaft gewesen zu sein, und sahen sich ihren Film jeden Abend an. Sogar Leonardo aus Vinci[44], der sagte, der Wald liefere das Werkzeug seines Todes selbst, konnte solche Zeichen und Wunder einer noch fernen Zeit nicht erkennen, dass sich die Axt mit dem Stiel aus Holz in eine Stange von Dynamit verwandeln würde. Da wäre ich gern wieder ein Werwolf[45] geworden in einer Vollmondnacht, damit

[40] «Vrenelis Gärtli», berühmtes, auf weite Entfernung sichtbares Firnschneefeld auf dem Gipfel des Glärnisch. Der Name geht auf gallisch Werena für eine Fruchtbarkeitsgöttin zurück. S. u. P. Botheroyd: Lexikon der keltischen Mythologie. Hier bezogen auf Verena Eggmann, die Gründerin des Internationalen Baum Archivs (gest. 1997), und auf Silvia Verena Haubensak, die heutige Ko-Leiterin des IBA.

[41] Anderswelt: Reich der Abgeschiedenen innerhalb der realen Welt (überall und nirgends). Zu Samhain («Ende des Sommers»), die Nacht auf den 1. November, sind beide Welten für einander offen. Das amerikanisierte Halloween bezieht sich nur auf den dämonischen Aspekt und verfälscht auch diesen.

[42] Walter Burkert: Homo Necans; Claude Lévi-Strauss: Mythologica.

[43] Umewäg (alemannisch) = gegenwärtig sein, ganz nahe sein.

[44] Leonardo da Vinci: Der Wald liefert das Werkzeug seines Todes selbst – die Axt (den Axtstiel).

[45] Christian Morgenstern (1871–1914), Galgenlieder: Der Werwolf.

Die Knorrigkeit solcher Buchen hat ihnen früher in manchen Gegenden auch den Ruf eingetragen, sie seien verhext, ihre Nähe sei zu meiden.

Die Ennetecken-Buchen (Fagus silvatica) in der Glarner Gemeinde Schwanden sind typische Bergbuchen. Knorrig, wulstig und mit mächtigen, aufgeworfenen Wurzeln erinnern sie an die rauhen Bedingungen des subalpinen Klimas, aber wohl auch noch an die Schädigungen durch die einstige Viehbeweidung. Ihr Alter ist schwer zu schätzen, der Förster spricht von 150 bis 200 Jahren.

Die Fachtbuche über Mollis galt von ihrem Kronenvolumen her als eine der mächtigsten Buchen der Schweiz.

Zum Schutz eines befahrenen Bergsträsschens hat man die Fachtbuche weggesprengt.

wenigstens einmal Trugbilder wirklich werden. Leider bin ich ein miserabler Trüger. | So entsage ich also endgültig des Werwolfs, lasse auch den Weswolf beim Dorfschullehrer, wo er hingehört, entsage aber nicht der Buche, insbesondere nicht der Ennetecken-Buchen ob Schwanden, denen ich mich bescheiden und genitivisch genähert habe: Woher des Buchs? Sie haben mir prompt geantwortet, ich kenne mich aus in Magie: Aus unseres Stammes Holz und Rind! Es waren die Germanen, sagten sie, die alten natürlich, die neuen nannten sich Arier, aber dieses Thema würde hier zu weit führen, wenn nicht zu nahe, ich habe dafür einen eigenen Zettelkasten. Die alten Germanen also taten es den Römern gleich und schrieben ihre Runen[46] auf Buchenholztafeln oder Rindenstücke, banden sie gar schon zusammen, und aus dem Mehrzahlwort *bōkiz* wurde später das Einzahlwort *buoh,* und so taten die alten Germanen *lesan ana buohhun,* sie lasen an den Buchen, und nun stehe ich, wenn ich vor Buchen stehe, auf den Wurzeln und vor den Brettern des Gedächtnisses unserer Kultur und würde in diesem Gedächtnis ganz gerne dieses und jenes ungeschehen machen, am liebsten beides. Übrigens stehen die Ennetecken-Buchen ausgesprochen knorrig da, angeblich wie die an Steilwänden lebenden ungeschlachten Glarner, wohingegen ich diese als eher feingliedrig kennen gelernt habe. |
Mir sind diese verschorften, bemoosten, zäh im kargen Bergboden verkrallten Ennetecken-Buchen lieb geworden, von Gleichnissen will ich nicht reden, es ist zu vieles gleich geblieben.

Ich kann nicht einmal sagen, sie ständen, diese fünf Bergbuchen, die Zeit ist schon weiter gerückt: sie standen. Geblieben sind zwei, die ihren 150 oder 200 Jahren noch ein paar Ringe nachschieben wollen, an denen die Forscher hernach den Zustand der Landesnatur ablesen werden, und es wird ein grosses Orakeln anheben in den Parlamenten des Landes, weil so wenige *lesan* können. Orakel sind übrigens passable Instrumente. Die alten Germanen warfen sie mit Runen beritzten Buchenstäben, alternativ mit Eibenstäben, Venantius Fortunatus schrieb im 6. Jahrhundert gar *Barbara fraxineis pingatur runa tabellis* und spielt damit auch noch auf die Weltenesche der Edda an. Das Orakelergebnis war übrigens eher selten zutreffend, weshalb in Stabreimen mit offenen Alternativen gedeutet wurde. So genau also nahm mans mit dem Orakelholz nicht, und auch die Buchstaben sind übrigens keine Buchen-Staben, die kommen vom senkrechten Hauptstrich, dem Stab, aus dem die Runen bestehen, und hiessen im Altnordischen *runastafr*[47], nur die lateinischen, für den Buchgebrauch bestimmten Schriftzeichen nannten die Nordmänner *bōkstafr.* Und vom Runenstab kommt dann alles weitere, der Stabreim, der Priesterstab, der Marschallstab. Ich persönlich habe schon als Jugendlicher nur den ersten ergriffen und die andern beiden zu Klanghölzern verarbeitet. Man hat meine Karriereplanung deshalb mit Nachhilfestunden zu fördern versucht. Ich war schon als Kind in voller Karriere nicht hochbegabt.

[46] Runen sind germanische Schriftzeichen mit stets senkrechtem Hauptstrich im Gegensatz zu den keltischen Zeichen, der Ogham-Schrift, mit stets waagrechten Strichen. Beide Schriften wurden nur sakral verwendet.
[47] Kluge: Etymologisches Wörterbuch der deutschen Sprache, de Gruyter, Berlin.

Hast du je einen Schweizer von einem **GRAUBÜNDNER** reden hören? Mir scheint, es gibt eine allen Landesstämmen gemeinsame Übereinkunft, dieses Kompositum nicht zu verwenden, jemand sprach sogar von einer schweigenden Übereinkunft, obwohl ich bisher eine solche weder reden noch schweigen hörte, lachen schon gar nicht, und vor allem, da ich über nur mässige Einkünfte verfüge, schon lange gerne wüsste, wie man zu einer Über-Einkunft kommt. Mit Bäumen gewiss nicht, und auch in Sachen Holz haben mir die Förster abgeraten, sie kommen derzeit selbst auf keinen grünen Zweig, klagen dagegen über Käfer, Verlichtungen und Lametta, das ich ohnehin nur zu Weihnachten brauche, und über fehlende Feinwurzeln, was wiederum etwas mit fehlenden Pilzen zu tun habe. Ich habe mit einem Politiker darüber gesprochen, aber er sprach von konstruierten Zusammenhängen und begann unzusammenhängend zu reden, worauf auch ich auseinander fiel. Leider beherrsche ich die Raffinesse der politischen Ablenkung immer noch nicht. | Verzeih, ich war ja bei den Graubündnern. In der Deutschschweiz heissen sie *Bündner*[48], aber Schrebergärtner habe ich nur angetroffen, als die Churer den Stadtrand mit Bäumen verschönerten, die sich zu Wohntürmen auswuchsen, seither sind auch sie gegen gentechnisch veränderte Arten. Bei Welschen und Tessinern heissen die Bündner hingegen *die Grauen*, ich habe nach Erklärung gesucht, fand aber keine letzte Klarheit und hätte vor allem diese so gerne gefunden. Im Mittelalter, es war der Höhepunkt der Christenmagie, nannte man die Hasen so, ich bin indes selbst im sagenhaften Arvenwald von Tamangur[49] keinem Hosen tragenden Hasen begegnet, nur einem unter Arvenzapfen lauernden Jäger, den ich als «Herr Colani, König der Bernina», ansprach, worauf er etwas Undeutliches vor sich hin sagte, aus dem ich schloss, er heisse nicht Colani, sondern Uurekogge oder so ähnlich, ein Uhrmacher wahrscheinlich. | Apropos Arvenwald und Tamangur: Die Bündner haben einen Vogel. Sie nennen ihn Tannenhäher, weil es seine Aufgabe ist, die Arven zu erhalten. Würde man ihn Arvenhäher nennen, folgere ich, käme er unverzüglich auf die Idee, Tannen erhalten zu müssen. Ich wüsste gerne das Prinzip dieser Namensmagie. Vielleicht, riefe man ihn nur Grashäher, würde er Mischwälder aufziehen? Mir scheint eine Beschäftigung mit diesem Häher jedenfalls weit hilfreicher als mit diesen merkwürdigen *Senken*, unter denen neuerdings die Wälder verstanden werden, die unser feinduftiges Kohlendioxid schlucken oder eben senken sollen. Ich vermute freilich, sie senken wieder nur irgendwo den IQ, wahrscheinlich den politischen. In Graubünden hat der Tannenhäher, wie mir zugetragen wurde, den Arvenwald von Tamangur erhalten. Das ist neben dem Aletschwald der höchstgelegene Arvenwald Europas. Der Tannenhäher hat das so gemacht, dass er Arvennüsschen von anderswoher hierher trug und als Wintervorrat vergrub. Mit dem Winter freilich kommt das Vergessen über ihn, er erinnert sich nicht, stochert sinnlos herum, im Frühling keimen die Arven, und der Tannenhäher, ziemlich hohlwangig geworden, verflucht sein Gedächtnis. | Natürlich habe ich mich gefragt, weshalb der Tannenhäher seiner Arvenerhaltung gerade hier so übersteigert frönte? Weil es diesen Arvenwald schon früher gegeben hatte, schon von uraltersher, aber dann gab es ihn, vor 150 Jahren, fast nicht mehr. Weil die Leute hier, wo Fuchs und Hase, ich will mich nicht wiederholen, arm waren, menschenarm, sie holten sich den Wald und die Arven, verkauften ihn an Käsereien, Silber- und Bleihütten, verscherbelten ihn bis in die Salinen von Bad Hall, sie holten die Nadelstreu für den Stall und

Arven (Pinus cembra) sind Bäume der alpinen Kampfzone, gedrungen und krumm, man sieht ihnen meist nicht an, welch hohes Alter sie haben (die ältesten Arven des Aletschwaldes im Wallis werden auf über 1000 Jahre geschätzt). Die Arve von Celerina im God Plazzers auf knapp 2200 m ü. M., somit gerade unterhalb der Waldgrenze, macht vom Wuchs her eine Ausnahme (Höhe: 15 bis 17 Meter, Umfang: 6 Meter, Alter: 300 bis 500 Jahre). Arven (auch Zirbe, Zirbelkiefer, romanisch dschember) haben Klammerwurzeln, die sie sturmfest machen, ausgewachsen sind sie erst nach 400 Jahren, der Zapfen benötigt zwei Jahre zur vollen Entwicklung. Die Verjüngung war früher problematisch, da zu viele Arvennüsschen gesammelt wurden, sie waren eine wichtige Winternahrung der hochalpinen Siedler.

[48] Bündner – Püntner (Schrebergärtner): Aus solchen Wortanklängen ist volksetymologisch eine Vielzahl neuer Wörter, Begriffe, Namen entstanden bis hin zu Gottheiten, Heiligen usw. A. Bertholet: Wortanklang und Volksetymologie, o. O. 1940.

[49] Ich besitze Bilder von diesem Arvenwald, denn ich war dabei, als er fotografiert wurde, finde indes die Filmnummern nicht mehr – vielleicht doch ein magischer Wald.

die Arvennüsschen, assen sie und machten Öl daraus, dachten keinen Tag weiter als bis morgen, eine Art Sahelbauern, weshalb der Häher kein Nüsschen mehr fand und im Frühling kein Ärvchen mehr irgendwo keimte, und sie nahmen, was gerodet war, sogar unter den Pflug, aber da war nur ein Krümelchen Krume auf dieser Höhenlage, und das nahm, bei der ersten, nicht bei der besten Gelegenheit, der Wind mit, und so war schier nichts geblieben, vom Wald nur ein Gerippchen und den Bauern gar nichts, woraus folgt: Man soll nicht nur holen und rechnen, man soll auch denken. Ob Bäume nur zum Nutzen der Menschen wachsen, wie ein überzeugter Mann mir einmal erläuterte, oder gar nur für die Notdurft der Hunde gut seien, wie ein währschafter Gemeinderat meinte, weiss ich nicht. Offensichtlich ist es noch nicht Maxime allgemeiner Ansicht geworden, sonst hätte die grosse Arve von Celerina keine 80 ihrer 300 oder 500 Jahre unbehelligt überlebt, und mit dem Tannenhäher wäre es wohl auch bergab gegangen. | Ich habe ältere und jüngere Neigungen. Die jüngeren sind altersbedingt, auch ein besonderer Jahrgang kann sie hervorrufen. Die älteren werden durch Altertümer ausgelöst. Wenn du beispielsweise *Truns* sagst, neige ich mich gefährlich. In Truns steht der heilige Baum der Bündner, der *Ahorn von Truns*. Er ist der Myrrhenbaum dieses Kantons, doch statt eines kurzlebigen Adonis[50] gebar dieser Baum eine lange Freiheit. Unter ihm sagten 1424 der Gotteshausbund, der Zehngerichtebund und der Obere Bund: «Los von Habsburg!», und da waren sie Habsburg los, nannten sich nur noch «Graue Bünde» und den Ahorn ihren «höchsten Puntsmann». Unter seiner Krone, monarchische Attribute sind vielleicht wirklich unverzichtbar, schrieben sie ihren Bundesbrief, und darin stand, dass dieser alle zehn Jahre selbigen heiligen Baumorts zu erneuern wäre. Vergesslich wie die Tannenhäher haben sie das bis heute nur viermal getan, und jetzt würde man für eine einzige Volksverfassungserneuerung dort oben gewiss nicht so viel Parkplatzboden wie nötig hergeben, höchstens für Ferienwohnungen. | Der Ahorn von Truns ist ein *Rechtsalterthum*, was wir von Jacob Grimm wissen, jedenfalls weiss ich das. Deshalb heisst sein Standort *Ehrenhof der Grauen Bünde*. Weit weniger gewiss war nach Graubündens Geburt, ob es sich um einen Ahorn handle. Die Freiheit dieses Baums, von dem ich ohne Übertreibung sagen könnte, nicht die Franzosen, sondern die Bündner, zumal die Grauen, hätten mit ihm oder besser noch: in ihm, den Freiheitsbaum erfunden, lockte schon bald VIPs an, nicht zu verwechseln mit dem Hund gleichen Namens, wie Motten. Der Trunser Ahorn war berühmter als je die gesamtnationale Murtenlinde. Es kamen Adlige, Weltreisende, Wissenschaftliche, Poetische aus aller Herren Ländern, weshalb Damen selten erwähnt werden, auch Görres war da, den wir als «Magus des Nordens» kennen. Kennst du ihn auch? Einige von ihnen traten so bestimmt auf, dass sie den Ahorn flugs neu bestimmten: zuerst als Platane, sodann als Linde, schliesslich als Eiche. Die Bündner waren höflich, trugen die jeweils neue Bestimmung korrekt in ihre Dokumente ein, werden sich aber ihren Teil gedacht, die Baumkundler ins Unterland gewünscht und als Gegenrecht die Abenteuerlust von deren Damen hinter der nächtlichen Ehrenhofmauer ebenfalls neu bestimmt haben. Dann kam ein gewisser Heinrich Zschokke aus Magdeburg, sah, sagte *Bergahorn* und wurde eidgenössischer Forstinspektor. Kürzlich erhielt ich eine Einladung zu einem Seminar, wie man Bergahörner als Eichen verkauft, die Gewinnmarche liege im Durchschnitt bei über 200 Prozent, als man mir schriftlich aber nur 10 Prozent garantieren wollte, habe ich abgesagt, ich bin doch kein semi Narr, wenn schon, dann ein voller, das garantiert Ruhe. | Trotzdem ist der Trunser Ahorn den Anfechtungen seiner Zeit erlegen. Zwar ist ein Baum

Der Ahorn von Truns im «Ehrenhof der Grauen Bünde» neben der St.-Anna-Kapelle in Truns ist der Sohn des legendären Bergahorns, unter dem an gleicher Stelle 1424 Graubünden gegründet worden ist. Den Bündnern war der Ahorn während 450 Jahren der heiligste «Bundesgenosse» und das Symbol ihrer Freiheit (von Habsburg), unter dem die Satzungen von 1424 auch immer wieder einmal neu beschworen wurden. Persönlichkeiten aus ganz Europa besuchten einst den symbolreichen Baum. Heute schwindet die Erinnerung an diesen wichtigen Ort.

[50] Adonis, griechischer Heros asiatischen Ursprungs. Ging aus einer blutschänderischen Verbindung des Königs Kinyras mit seiner Tochter Myrrha hervor. Als der König seinen Frevel entdeckte, wollte er Myrrha töten, doch wurde sie von den Göttern in einen Myrrhenbaum verwandelt, aus dem Adonis geboren wurde. Er wurde noch als Jüngling von einem Eber getötet.

Der Trunser Ahorn auf einem Stich von 1850/60. 1870 zerstörte ein Sturm die 700 bis 800 Jahre alte Baumruine endgültig.

wegen seines im divinatorischen Evolutionslabor ausgetüftelten Teilungsgewebes guterdings unsterblich, doch gibt es schlechterdings, ganz wie bei mir, die bösen Einflüsse von aussen. 1870, der Ahorn von Truns hat zeitgenössischen Stichen nach schon bös zerzaust ausgesehen, kam ein Sturm, hernach fanden die Trunser nur mehr Bruchstücke ihres 700- oder 800-jährigen «Puntsmanns». Leider war ich wieder einmal kein Zeitzeuge, als die Staatstrauer ausbrach. Die Bündner Zeitungen waren voll vom Tod des heiligen Baums, 4000 Bündnerinnen und Bündner kamen ins Dorf und bildeten Spalier, wie der *kranzgeschmückte Ahornstumpf*[51] als Reliquie ins Landrichterhaus getragen wurde, etwas später liess sich der rätische Adel Prunkbecher daraus schnitzen, sollen sie nur, haben die Bündner gesagt, unseren Freiheitsbaum lassen wir uns nicht nehmen, und pflanzten einen Sprössling des alten Ahorns an gleicher Stelle. Auch aus dem Stammbaum der Poesie ragt der Ahorn von Truns mächtig hervor, Lieder und Gedichte auf ihn gehen in die Hunderte. Annähernd so weit hat es in Europa nur die heilige Eiche der Basken in Guernica gebracht. Picasso hat sie auf seinem Bild nicht vergessen; den Herren Franco und Hitler hat sie gar nicht gefallen, was zu zahlreichen Gefallenen führte.

[51] Verena Eggmann, Bernd Steiner: Baumzeit, Werd Verlag, Zürich 1995.

Weisst du, dass in **GENF** die «Internationale der Banken» (IdB) gegründet worden sein soll? In der Zettelei fand sich jedenfalls auch dieser Hinweis, sonst aber nichts, was auf einen «Tag der Banken», eine Hymne und ein bankistisches Manifest schliessen liesse. Vermutlich ist solches nicht nötig, Bänker hören noch Signale informellster Natur, und dies auf grosse Distanz, so sollen sie amerikanische Greenbacks wachsen oder dürren hören, obwohl deren Naturbezug noch immer äusserst umstritten ist, vor allem die Nachsilbe «back» gibt Rätsel auf. Wahrscheinlich verweist sie auf Calvin[52] vor bald 500 Jahren, der gesagt haben soll, wem der Herr wohlgesonnen sei, dem verleihe er ein gewinnendes und einnehmendes Wesen, was ja inzwischen zum Kalauer geworden ist. Ich wüsste aber gerne, wer dieser Herr ist, mir scheint er nicht wohlgesonnen. | Der grosse und der kleine Meyer erwähnen die IdB nicht, auch der Brockhaus hat sich diesbezüglich nichts eingebrockt, hingegen ist die Zahl der übrigen internationalen Genfer Institutionen, Konferenzen, Konventionen, Vereinbarungen und Protokolle von Abrüstung bis Seerecht überwältigend. Ich wüsste indes gerne, wie Calvin über Baum und Wald gedacht hat, es war gewiss schwierig, zwischen Glaube und Gesetz über solche Marginalien nachzudenken, das hat dann sein Genfer Denkerkollege Rousseau[53] ein wenig korrigiert. Weit gekommen ist er nicht, die «Internationale der Stamm- und Tischbrüder» (IdSTB), übrigens auch ein statutenloser Verein, hat ihm und uns den *Contract social* als fortschrittsverhinderndes «Zurück auf die Bäume» um die Ohren gehauen, die Gehörschäden sind noch heute weltweit feststellbar. Ich wundere mich daher, dass es in Genf auch eine «Internationale Umwelt-Akademie» gibt, sie soll mit 3,5 Stellenprozenten arbeiten, weil die Lobbies zwar international sind, aber keine Umwelt brauchen. Die kommenden Generationen lernen deshalb jetzt schon, sich in virtuellen Umwelten zu bewegen. Mich wundert nur, dass sie immer noch essen wollen. | Gerne hätte ich einmal mit unseren Genfer Freunden darüber gesprochen, Roger würde mich gewiss verstehen, aber ich komme selten dorthin, eigentlich nie, was mein Französisch immer blamabler macht, obwohl einige Vorfahren Hugenotten waren, aber das ist lange her. Genf hat ja viel Ungewöhnliches zu bieten, aber von den Wasserspielen will ich nicht reden, auch mit der gesuchten Zunft der Wäscher hatte ich bisher wenig zu tun, ich denke vielmehr an das Wunder von Meinier. Du weisst, dass mir Wunder selten widerfahren, meist wundre ich mich bloss, wie wenig die wirklichen Wunder wahrgenommen werden, wenn kein Plakätchen von Bene-Dies oder Adi-Das daranklebt. In Meinier aber hat sich mir das Wunder des Nussbaums ereignet. So gross mit erst 140 offiziellen Jahren, mindestens 100 mehr erschiene mir schon vom Umfang her glaubwürdiger, habe ich noch keinen gesehen; die Obstbäume neben ihm haben bestenfalls noch Staudenrang, aber ob dies an der Kreuzung von Walnuss und Schwarznuss liegen könnte, wäre nicht mehr als eine Hypothese. Immerhin, die Vermählung von Kleinasien mit Nordamerika gelingt sonst ausgesprochen selten und gewiss nicht wegen des Nuss-Öls. Geschätzt wurden die jeweiligen Nüsse von den Leuten auf beiden Kontinenten, und kaum sieht etwas aus «wie», ist auch schon die Symbolik zur Hand. Geschlossene Walnüsse sehen aus wie männliche Hoden, offene wie unser Gehirn, nicht selten gerät der eine Teil in den andern, was an unserem biologischen Programm liegen muss und Domestikationsversuche so erheiternd macht, als wollte man Nüsse zähmen. | Ich begnüge mich mit der Wirklichkeit der kleinen Wunderdinge, einige davon hängen als Erotika am Nussbaum. Die Römer, habe ich festgestellt, wurden am deutlichsten und reduzierten die Nüsse auf den fruchtbarsten Teil ihres Hauptgottes: Jovis glans, die Eichel des Jupiter, und so heisst die Walnuss botanisch heute noch: Juglans regia, die königliche Eichel des Jupiter. Die Griechen

[52] Jean Calvin, genannt Johannes Calvinus (1509–1564), französischer Reformator, Verfechter einer sittenstrengen Kirchenzucht. Reichtum aus kaufmännischer Tätigkeit war für Calvinus ein Zeichen von Gottes Wohlwollen.

[53] Jean-Jacques Rousseau (1712–1778), Schweizer Philosoph. Verfasser des «Gesellschaftsvertrags», worin der mündige Bürger den Naturmenschen ablöst, sich zwar dem Gemeinschaftswillen unterwirft, aber seine persönliche Freiheit nicht aufgibt. Kritiker eines dogmatischen Christentums, gleichzeitig Zivilisationskritiker und wichtiger Erziehungstheoretiker.

haben diese Nuss Karya genannt, und ihnen war der ungemein zeugungsfreudige Zeus auch ein Herr des Nussbaums, musste den Schutzauftrag aber mit Tochter Artemis teilen, die in Karyai, dem griechischen Nussbaumen, als Artemis Karyatis verehrt wurde und der zur Freude, es wäre auch meine gewesen, die Karyatiden, Mädchen des Dorfes, *in ekstatischem Reigen Körbe aus grünendem Schilf auf dem Kopf trugen, als wären sie tanzende Pflanzen*[54]. Es nahm ein böses Ende mit diesem Dorf, menschlicher Berechnung ist bekanntlich keine Gottheit gewachsen, das Dorf schlug sich auf die Seite der Perser, aber die Rechnung ging nicht auf, die Athener schlugen die Perser, und auf der Akropolis kannst du in Marmor gehauen immer noch sehen, was die einst fröhlich tanzenden Karyatiden fortan zu tun hatten – Sklavinnenschwerarbeit. | Während der mühsamen Forschung am Nussbaum und seinen Göttern habe ich den Geist, der stets verneint, angetroffen. Er hing sich wie eine Klette an mich, aber ich vermochte wenigstens das «Stets» abzuschütteln. Trotzdem bin ich ihm dankbar: Nein, es gab keine ägyptischen Gottheiten Kar oder Ker, die zum etymologischen Stammbaum von Karya, der Walnuss, gehörten und an deren Stelle Artemis getreten wäre; Ker ist, wie Moros und Thanatos, bei den Griechen einer der drei Namen des Todesgottes, dem der Nussbaum wohl wieder einmal wegen des beliebten Spiels mit Wortähnlichkeit und Wortanklang – Ker/Kar(ya) – zugesellt wurde; die griechischen Keren gehören nicht zum Nussbaum, denn sie waren keine Totenseelen, sondern Schadedämonen; es findet sich auch keine Mythe, wonach eine angebliche Königstochter namens Karya von Dionysos in einen Nussbaum verwandelt worden wäre; und dass die römische Carmenta Orakel aus Walnüssen gelesen habe, ist ebensowenig zu belegen. Ich gestehe reumütig, ich habe diesen Walnussgötterstammbaum auch geglaubt, weil seine modernen Erfinder für so glaubwürdig gelten[55]. Doch der Bruder des Geists, der verneint, ist der Geist des Zweifels. Die beiden sind reichlich aufsässig, gelegentlich räumen sie in der Zettelei mehr auf und ab, als mir lieb ist. | Nur so viel noch, obwohl es ja schon lange genug ist: Ich habe unter Nussbäumen geschlafen und bin nicht gestorben; ich habe wegen ihrer Hirnähnlichkeit ungeheuer viele Nüsse gekaut, mein Gedächtnis ist nicht besser geworden; ich bin oft unter unserem Nussbaum, rieche sein ungeheures Aroma, spüre aber keinerlei Änderung der Stimmung, des Willens oder gar erhöhte Klarheit des Geistes, möglicherweise bin ich eine taube Nuss. Darüber hinaus stimmt alles, was über den Nussbaum geschrieben wird, fast alles. Natürlich, wie immer, kenne ich das Böse, das mich verschliesst, es ist der Geist des Zweifels. Um wie viel besser und gesünder wäre die Welt, gäbe es ihn nicht. Vielleicht werde ich mich eines Tages opfern, in Frage käme der kleine Finger, links. Aber in Meinier steht dennoch der mächtigste Nussbaum Europas. Das wird Widerspruch herausfordern, und so kann ich die Nuss knacken, wo etwa ein noch mächtigerer steht. Das Beispiel soll dir zeigen, weshalb ich als raffiniert gelte.

Doppelseite 56/57: Der Nussbaum von Meinier ist nicht nur der grösste Nussbaum des Kantons Genf, sondern auch der Schweiz und wahrscheinlich weit über sie hinaus (Höhe: 30 Meter, Umfang: 7 Meter, Alter: 140 Jahre). Gepflanzt wurde diese Kreuzung von kleinasiatischer Walnuss (Juglans regia) und amerikanischer Schwarznuss (Juglans nigra) im Jahr 1863. Wahrscheinlich war der Baum (heute Privatbesitz) als Zierde der Kirche gedacht: Hybriden dieser Kreuzung werden sehr mächtig. Unter ihm wurden ursprünglich auch die Schulzeugnisse verteilt. Die Nuss ähnelt der Walnuss, ist jedoch dunkler, tief gerillt, härter und etwas fettreicher. Da die Nuss birnenförmig sein kann, wird diese Kreuzung botanisch auch pyriformis genannt.

[54] Karl Kerényi: Die Mythologie der Griechen I.

[55] Jacques Brosse: Mythologie der Bäume, Walter Verlag, Olten 1990.

Walnussholz ist das kostbarste unserer Nutzhölzer. Vor allem das Wurzelholz, heute kaum noch erhältlich, liefert die prachtvollen Maserungen für die Schauseiten von Schränken und Kommoden. Heute ist der Bestand an grossen Nussbäumen gering. Die meisten wurden in den zwei Weltkriegen für die Schäftung von Gewehren gefällt. Das zähe und elastische Holz war dafür ideal.

Den **JURA** hielt ich als Schüler, der ich übrigens immer noch bin, für eine geologische Formation, ein eher ruhiges Gebirge, von Touristen abgesehen schon fast still. Auf den Höhen weiden läutselige Kühe, weshalb sich der Wald an die Steilhänge zurückgezogen hat, beissen einsame Bauern auf geduckten Höfen in üppige Rahmwähen, früher bissen sie häufig auch ins karge Gras, gelegentlich zieht majestätisch ein Hirsch vorbei, dann ist meist Hubertus nicht weit, der Heilige, den mittelalterliche Volksetymologie aus dem Horn des Jägers, der Hupe[56], hervorzauberte, womit unser Hubertus also der Jäger selbst ist und sich nur als Heiliger tarnt. Da ein Hirsch samt Heiligenschein zu ihm gehört, ist er wohl zudem ein verkappter Hirschgott aus keltischen Zeiten, dessen Geweih wieder auf den wachsenden und sich verzweigenden Baum weist. Das könnten wir immerhin diskutieren. | Kennst du die schöne heraklitеische Erkenntnis: *Alles fliesst!?*[57] Seither sind vielen Ungläubigen die Felle davongeschwommen. Ich denke wieder an den Jura. 60 Millionen Jahre Ruhe, kein Rütteln an den Gipfeln, kein Gleiten in den Schichten, selbst die Fische liegen hier oben versteinert herum. Ab und zu und höchstens: Steinschlag. Wahrscheinlich Jäger, die nach Hirschen warfen und auf den alten Hirschbaumgott Cernunnus[58] vertrauten. Doch dann diese Bewegung der welschen Platte unter der bernischen, Geologen sprechen von tektonischen Beben, es hat die Landschaft verändert, seit 1979 gibt es den Jura und Le Jura. Die Freiheit gilt als schweizerische Erfindung, aber die Berner glaubten, das wäre eine blosse Deklaration. | Seither liegt Châtillon und steht die Chêne des Bosses nicht mehr im Kanton Bern, sondern im Kanton Jura. Eine Eiche mit Wülsten und Buckeln, 1000-jährig im Volksmund, vielleicht 500- oder 700-jährig in den Ringen, frei auf der Weide wie von Caspar David Friedrich, Thor- und Zeus-, Blitz- und Donnerbaum, seit 1991 von der belgischen Confrèrie des gros Chênes in die Reihe der berühmten Eichen aufgenommen. Mich würde nicht wundern, wäre sie der heimliche Wappenbaum des neuen Kantons. Ich hingegen habe mich gegen Eichen früh gewappnet, speziell gegen solche Stieleichen. Feuchte Standorte liebend, ziehen sie den Blitz an, weshalb ich sie, dem Sprichwort und den Gesetzen der Elektrizität gehorchend, meide. Abstracta allerdings können mich irreführen. So bin ich auch «Bettler»- und «Zigeuner-Eichen» aus dem Weg gegangen, obwohl keine die hohle Hand machte oder meine Messer schleifen wollte. Früher mussten nur die Armen hier lagern, damit der Seelenfrieden der Gottgefälligen im Dorf nicht gestört werde, und vor der Freiheit der Fahrenden sinkt ohnehin jedes Haus besitzende Sesshaftenherz. Und seit ich die neuen eichenlosen Wagencamp-Lager der Sesshaften kennen gelernt habe, gehe ich trotz Gewitter wieder zu Thors Eiche, der Schnupfen, den ich mir hole, ist wenigstens eine Folge seiner göttlichen Elementargewalt. | Bei Grimmelshausen[59] las ich, dass *auf den Eichen die besten Schinken wachsen.* Ich habe leider nie einen pflücken können, stets waren mir Rotten von Eicheln fressenden Schweinen im Weg, es ist meine unselige Neigung, die Dinge wörtlich zu nehmen, ja so wörtlich, dass ich selbst bei Wortgläubigen keine Aufnahme erhalte. Heute weiss ich, die Chêne des Bosses war eine Masteiche, freilich nicht um Grosssegler auf Kurs zu halten, sondern um sich über die Eichelmast ins Schweinefleisch einzuduften. Eicheln machen Fleisch besonders würzig; leider ist kaum noch bekannt, dass sie in der Antike auch zur Grundnahrung der Menschen gehörten und bis ins 18. Jahrhundert eine wichtige Ersatznahrung

Doppelseite 60/61: Die «Chêne des Bosses» der Gemeinde Châtillon im Kanton Jura gehört gewiss zu den bekanntesten Eichen der Schweiz. Die Stieleiche (Quercus robur) mit ihren vielen Buckeln (bosses) steht frei in der Landschaft, Relikt einer einstigen Weide, auf welcher vor allem Schweine mit Eicheln gemästet wurden. Der Baum (Höhe: 25 Meter, Umfang: 820 Zentimeter, Alter: 400 bis 600 Jahre) gehört samt dem Weideland noch immer der Bürgergemeinde.

[56] Alfred Bertholet: Wortanklang und Volksetymologie, o. O. 1940.

[57] Heraklit von Ephesos (500 v. Chr.), griechischer Philosoph, dem Platon den Spruch «panta rhei» (alles fliesst) als Lehre vom Werden und Vergehen missdeutete bzw. als blosse Bejahung des Vergehens verstand.

[58] Cernunnus: Gottheit mit Hirschgeweih, geht vermutlich auf allgemein indoeuropäische Vorstellungen bis in die Steinzeit zurück. Gott des Wachstums und der Fruchtbarkeitskräfte. Keltisch bis 2. Jahrhundert n. Chr. Rudolf Grosse: Der Silberkessel von Gundestrup; P. M. Duval: Les Dieux de la Gaule, Paris 1979.

[59] Johann Jacob Christoffel von Grimmelshausen (1621–1676): Simplicissimus Teutsch.

Alter und Wetter haben aus der «Chêne des Bosses» einen Musterbaum für Maler à la Caspar David Friedrich gemacht.

waren. Die griechischen Arkader, die noch um 500 vor unserer Zeit als «Eichelesser»[60] bekannt waren, müssen von ihren Gegnern gesucht gewesen sein; ob Schweizer und Norweger, die noch Engels als die letzten «Eichelfresser» Europas rühmte, ebenso gefragt waren, habe ich nicht herausgefunden. Max Frisch[61] erinnert sich in «Montauk» nur noch *an die Sensation, dass man Kaffee machen kann aus Eicheln.* | Ich weiss nicht, ob sich je eine Mistel am Saft der Chêne des Bosses labte, aber für Eichengläubige scheint dies eine Zwangsvorstellung zu sein. Sobald sie der knorrigen Zeugin naturheiliger Zeiten ansichtig werden, werden sie hellsichtig, schwärmen mir von Misteln und Druiden, deren Name vom griechischen Eichennamen drus komme; aber ich kenne die wahren Paten, die Neodruiden, die sich gerne in den Kreisläufen der Natur verlaufen und im normannischen Brocéliande Pilz- und Kräuterkränze an Merlins Grab[62] niederlegen und trotzdem nicht zu heilen sind – es ist das falsche Grab. Und dann erzählen sie mir von den Dryaden, den Nymphen, die in allen Bäumen wohnen, aber Dryaden wohnen leider nur in Eichen, es gibt natürlich noch Eschennymphen, aber die heissen Meliai, und es gibt die Hesperiden, die sich in verschiedene Bäume und als einzige wieder zurückverwandeln konnten, deshalb sage ich nichts, scheue die Verheerungen, die ich anrichten könnte, empfehle aber freundlich Fritz von Herzmanovskys[63] 1930 erfolgreich konstruiertes *Dryadometer, eine mechanische Vorrichtung, um die mehr oder weniger starke Benymphung eines Baumes zu messen.* Natürlich habe ich nichts gegen die neuen Druiden oder die neuen Heiden oder die neuen Schamanen, denn immer wenn ich ihr weltwissendes Geheimlächeln sehe, spüre auch ich das mächtige, gelegentlich gar übermächtige Verlangen, ein so glühend verehrter Psychopomp zu sein. Natürlich ist die Sache nicht einfach, denn echte Druiden geben sich stets durch deutungsreife magische Formeln zu erkennen, woran ich immer wieder scheitere, und schliesslich kommt *dru(w)id* nicht vom Griechischen drus für Eiche, sondern vom Keltischen «sehr weit sehend», was jede Augen- und sonstige Trübung von selbst verbietet. Als Bush von Putin sagte: *Ich habe ihm in die Augen geschaut und seine Seele gesehen,* habe auch ich sehr weit gesehen. Ein beweisbarer Fall von Übertragungsmagie, er hat mich sehr eingedrückt. | Bruno Manser[64] hat die Chêne des Bosses jedes Jahr besucht und dann hat er gehandelt, und von den üblichen Kraftortmeiern[65] ist einmal mehr nichts übrig geblieben, einmal weniger kommt ohnehin fast nie vor. Kraftzapfer werfen sich ja nur dort den Bäumen an die Brust, wo keine Gefahr droht, im Übrigen drängeln sie sich am liebsten auf den Geheimnismessen, bieten selbstgezapfte Mysterienwässerchen an und gehen danach singend Bäume umarmen. Auch Bruno hat Bäume umarmt, er ist dabei mitgefällt worden. Jetzt, wo den Managern Marktkriegsspiele[66] beigebracht werden, treffen wir uns endlich wieder im Neolithikum, in besonders erfolgreichen Fällen im Paläolithikum. Mit den Bonobo-Schimpansen, haben die Zoogenetiker herausgefunden, teilen wir 98 Prozent der Gene, die restlichen 2 Prozent sind vermutlich aus Gründen biblischer Behauptungen unterschlagen worden. Die Zettelei wird mich noch in Teufels Küche bringen, wiewohl der typische Breigeruch auf eher irdische Kombüsen schliessen lässt.

[60] Walter Burkert: Kulte des Altertums. Biologische Grundlagen der Religion, C. H. Beck, München 1998.

[61] Max Frisch: Montauk.

[62] Reste eines megalithischen Dolmenganges in der Normandie, die der französische Keltologe Jean Markale «illustrativ» als Merlins Grab bezeichnete, und der sich wunderte, dass dieser erfundene Ort seither von Merlin-Pilgern aus aller Welt berannt wird.

[63] Fritz von Herzmanovsky-Orlando: Maskenspiel der Genien, Langen Müller, München 1979.

[64] Schweizerischer Umweltschützer, kämpfte mit den Indios Borneos gegen die Waldzerstörung. Seit 2000 dort verschollen, wahrscheinlich ermordet.

[65] Kraftorte: ungeklärte Behauptung, wonach alle heiligen Plätze (Steinsetzungen, Tempel, Kirchen, besondere Bäume usw.) auf besonders energetischen Kraftorten bzw. Kraftlinien liegen, die in direkter Linie miteinander verbunden sind. Weder die antike Literatur (sie war ausgesprochen redselig) noch die Archäologie hat hierzu bisher den geringsten Nachweis geliefert; der keltische Umgang mit Heiligtümern liefert eher den Gegenbeweis.

[66] Tages-Anzeiger, Zürich, 10.9.2001.

LUZERN ist zwei Reisen und mehrere Umwege wert, ich meine nicht die Stadt mit ihrer brandneuen KKL[67], offenbar eine Krankenkasse, ob gegen Kunst oder für sie, weiss ich nicht, ich bin dort nicht Mitglied. Hingegen fand ich in der Zettelei den Hinweis «Hagstelli, LU, Willisau Land?» Schon die geografische Ahnung war tröstlich: Da sässe ich am Napf, hätte reichlich zu essen und müsste nicht fürchten, ein Bus speie neben mir Touristen aus, deren Gaumenqualität die drei Sterne meines Hotelmenüs unverzüglich in stürzende Kometen verwandelte. Baum- und Waldreisen sind als hervorragende Antidepressiva gegen solchen zivilisatorischen Überlauf zu empfehlen, eine billige Selbstmedikation übrigens, ich nenne sie «Feldarbeit», grabe aber nur in Notzeiten fremde Kartoffeln aus. | So geschützt gegen Grossraumpersonenbeförderungsmittel,was ich für ein angemessen langes Wort halte, bin ich nach Willisau gefahren. *Hagstelli* ist ein unbekanntes Wort – *in der Bevölkerung erloschen, beim Forstpersonal halbappelativisch noch lebendig*[68], notiert in den 1980er-Jahren der Volkskundler Josef Zihlmann. Der Kanton und Leute, die die Natur schützen wollen, obgleich sie sich dabei zuweilen selbst schützen müssen, haben mich dann nach Luthern gewiesen. Der Wittenberger[69] war nicht da, aber der Himmel sah bedrohlich tintig aus, und der Förster wusste in der Tat, ist er doch in Berg und Wald tätig, was ich suchte, man sieht sie schon aus dem Tal, sie läuft wie ein zerstückelter Tausendfüssler über die 1100 Meter hohen Kreten, das ist die Hagstelli und die Hagstelli ist die Grenze zwischen Luzern und Bern, und diese Grenze besteht aus einer viele Kilometer langen, vor 400 Jahren gepflanzten Baumreihe über den Ahorn, den Gumen und die Obere Scheidegg, ein von Menschenhand aufgestellter Zaun, einer indes, der aus dicht gepflanzten lebenden Bäumen besteht, aus Buchen, Ahornen, Fichten, Eschen oder Ebereschen. Eben ein Hag, wie man hierzulande sagt. | Hast du auch schon von der grenzenlosen Freiheit gehört? Ich weiss nur von den Grenzen der Freiheit, und neuerdings ist auch der Himmel die Hölle. Bisher nahm ich an, die Erde wäre besitzlos geschaffen worden, aber, wer weiss, womöglich sassen schon die Einzeller mit Grenzpfählen in ihren Löchern. In Sachen Grenzen jedenfalls stehen wir den Pfahlbauern noch immer nahe, und wenn einer mich Bauer schimpft, was hin und wieder vorkommt, merke ich sofort, dass er den Pfahl nur seiner guten Erziehung wegen unterdrückt; manchmal höre ich auch nur Pfahl, ohne Bauer, was einer Beleidigung des Baumes gleichkommt, denn er kam weder als Pfahl noch als Bauer zur Welt, ich persönlich wäre noch heute lieber ein Pfahlbauer als gar keiner. Nach den Pfählen und vor dem Stacheldraht kamen Stecken und Latten und Steinhaufen, dann die Bäume. Grenzen und Eingrenzungen windbedrohter Äcker, man sollte nie zu viel entwalden, der Wind ist ein hungriges Kind, trägt die Krume weg, aber auch Papier, Akten, Erlasse, Protokolle und gefälschte Pässe, dem soll man Grenzen setzen, weshalb Beuys[70] in Kassel *zur Stadtverwaldung* aufrief, aber das habe ich vielleicht falsch verstanden. Wo Wind ist, ist auch Sturm, obwohl die windigsten Gesellen ihre grössten Schäden gerade bei Windstille stiften, den Sturm besänftigen sie mit Stiftungen. Als im 17. Jahrhundert die ersten bäuerlichen Grossbetriebe für Exportgetreide entstanden, wurden im Norden Baumreihen kilometerweit gepflanzt, Windgrenzen in Hafennähe, in deren Windschatten Handelsfamilien so hoch wie die Bäume wuchsen, unter ihnen die Familie Mann mitsamt den Buddenbrooks[71]. Über die Getreidebauern wurde wenig berichtet. Ceres[72], die westliche Demeter, war auf Seiten jener, die das grössere Opfer gaben. Die Spanier ehren die Göttin trotzdem heute noch mit dem Biernamen Cerveza. Weisst du, wo die Grenzen sind? | Im Luzernisch-Bernischen sind sie klar. Jedenfalls hier zwischen Luthern LU und Eriswil BE. Keine Grenzsteine, die nur der Geometer je gesehen hat, sondern Bäume, die alle sehen, in

[67] KKL: Offizielles Kürzel für das neue Kultur- und Kongresszentrum Luzern.

[68] Josef Zihlmann: Sie rufen mich beim Namen, Comenius-Verlag, Hitzkirch 1982.

[69] Martin Luther, Reformator, warf u. a. ein Tintenfass gegen den Teufel.

[70] Josef Beuys (1921–1986), deutscher Plastiker, Zeichner, Aktionskünstler.

[71] Thomas Mann: Die Buddenbrooks. Verfall einer (hanseatischen Kaufmanns-)Familie.

[72] Ceres, römische Göttin des Ackerbaus und Erdmutter. Ihr Fest waren die Cerealia (12.–19. April); ihr Name ist in spanisch Cerveza (Bier) und den Cerealien (Getreidekost) erhalten.

Einerreihe und Marschkolonne, vorrückende Soldaten, freilich mit grossen Lücken, die Gefallenen der Zeit. Verzeih, dass ich militärisch werde, die Hagstelli ob Luthern hatte wirklich militärisch-appellativen Sinn: Halt – Hier Luzernerland! Die Luzerner und die Berner haben sich um diese Kantonsgrenze gerauft, und Bauernköpfen genügen dazu Jahrzehnte nicht, das Zerren auf den Kreten begann schon vor den Marchbriefen von 1565 und beschäftigte männiglich, die Frauen hatten nicht viel dreinzureden, bis ins 18. Jahrhundert. Dann war die Hagstelli gross und wurde zur Silhouette am Horizont, jedes Jahr deutlicher, Grenzbäume, Baumgrenze. Freilich, nicht alle Bäume stammen aus jenen Zeiten, aber die ältesten, sagt Förster Alois, seien *rüdig alt,* freilich, in diesem historischen Zusammenhang habe er sie doch noch nie betrachtet. Ich kam mir wieder einmal vor wie der Besserwisser aus dem Unterland und hätte ihn am liebsten zur Gemsjagd eingeladen, aber ich habe keine Gemsen, nicht einmal Bäume, die mir gehören. Nur die Zettelei. Aus dieser ersehe ich allerdings, dass die Luzerner vielleicht noch heute die längsten europäischen Baumgrenzen haben, die Berner damit natürlich auch, ich will gerecht sein, und wenn ich der einzige bin. Im deutschen Rheingau gibt es auch noch einen Rest solcher Baumgrenzen, das *Gebück,* was von Bücken kommt, wegen der Durchlässe für Wagen, Ross und Reiter. Auch Fürst und Bischof bückten sich, wenngleich mühsam und unwillig, alles übrige Gebäum und Gesträuch wurde mit den Zweigen so dicht ineinander verschlauft, dass nur noch zwei durchkamen, Fuchs und Hase, der Hase wie immer voraus.

Doppelseite 66/67: Grosse Lücken klaffen in der ursprünglich Kilometer langen «Hagstelli», die früher geschlossen über die Bergrücken von Gumen und Ahorn verlief und – von den Luzernern gepflanzt – eine natürliche, lebendige Grenze zwischen den Kantonen Luzern und Bern bildete. Die ersten «Hagstelli» sind schon im 17. Jahrhundert erwähnt, fertig gepflanzt waren die Grenz-«Mauern» aus Buchen, Ahorn, Eschen, Fichten auf 900 bis 1000 m ü. M. wohl erst im 19. Jahrhundert. Kleine Lücken wurden immer wieder bepflanzt, grosse blieben offen, manche Bäume sind 200 bis 300 Jahre alt. Geschlossene Baumreihen als Grenzmarken gab es früher in ganz Europa, als Begrenzungen von Grundstücken und als eigentliche Landesgrenzen. Im 20. Jahrhundert hat man viele allein wegen des Schattenwurfs auf die Felder gefällt.

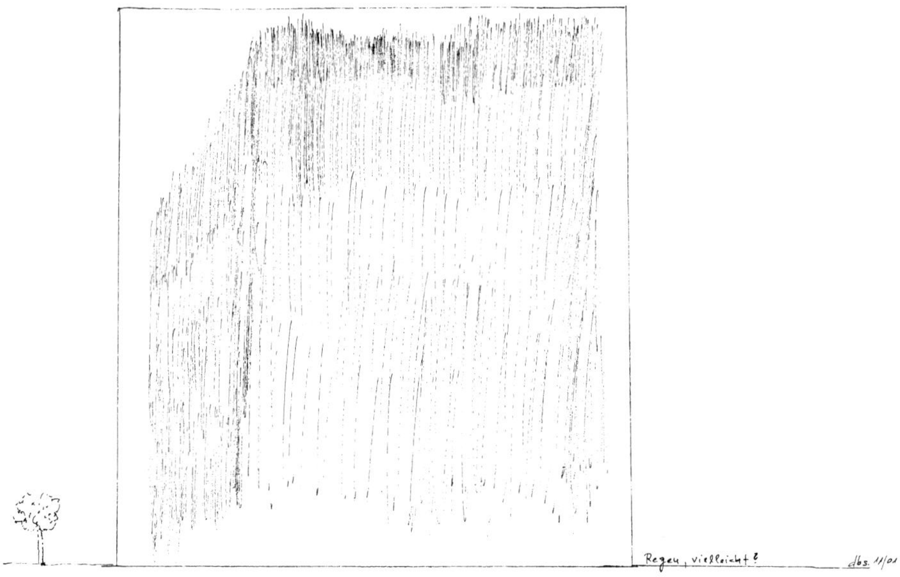

Auch vom Tal aus ist die «Hagstelli» oder sind ihre Reste auf dem Höhenzug gut erkennbar.

Volksetymologisch wäre aus **NIDWALDEN** leicht ein Nichtwalden zu machen, das zwischen nöd, nit, nüt und nünt sein unauffälliges Dasein pflegt, aber da würde man diesen Kanton schlecht kennen. Es könnte sich ein Unterwaldner beim Umzug von Stans nach Sarnen ja gleich zum Obwaldner erklären, aber so leicht fälscht hier keiner die Urschweiz, es sei denn, er *bloche*, ein echt schweizerischer Ausdruck übrigens, gegen einen die Urschweiz mit gequälter Seele suchenden Unterländer. Dabei kann vieles durcheinander geraten. Am Ende hält sich dann gar ein Nidwaldner für einen Zürcher und der Zürcher für einen Beckenried[73], der aber, glaube ich, anders hiess. Für mich sind diese Wälderdinge jedenfalls reichlich verwinkelt, ich verwechsle leicht beide, vergesse aber nie, dass sie alle Waldleute sind, weniger wild als in Urzeiten freilich, ich kam ohne Armbrust und Sprachführer durch, aber ob *nid* oder *ob*, sie leben wie einst zwischen den Wäldern, die einen oben, die andern unten. | Den unteren wie den oberen habe ich mich mit bäumigen Mitteln und dem mir seinerzeit anvertrauten Verstand genähert. Den Menschenverstand, den ich ohnehin keinem Tier zutraue, habe ich schon 1960 beim «Büro für vergleichende Cerebralien», einer damals noch existierenden Abteilung des Landwirtschaftsdepartements, abgegeben, und vom *gesunden* Menschenverstand scheine ich einfach nichts zu erwischen, so sehr ich mich auch mühe, eines der ständig herumfliegenden Stücke habhaft zu werden. Aber ich will kein *Nörgeli*[74] sein, eines von diesen in Österreich beheimateten, gelegentlich illegal die Grenze überschreitenden Walddämönchen, die noch jede vorgehaltene Bibel listig zu umgehen wussten. Es ist mir im Nidwaldnerischen auch keines begegnet. | Die Nidwaldner sind benachteiligt, ihnen fliegt der Wald auf die Köpfe, ein Glück, wenn er wenigstens, von Lothar ergriffen, liegen bleibt, wo er fällt, wie ob Emmetten jetzt noch, kreuz und quer, vom Tal aus fast so, als sei einem Riesen die Zündholzschachtel aus der Hand gefallen. Dafür riss der Wald andernortes, Felsen kamen herab, hausgross, einer blieb über einem Haus liegen, sonst wäre dort jetzt ein Fels, womöglich eine neue Pilgerstätte für Neo-Megalithiker. Enorme elastische Netzgitter spannen sich neu über dem Dorf, ich will über das Geld gar nicht nachdenken, das man damit mutwillig dem unterländischen Autobahnbau entzogen hat, natürlich auch dem oberländischen, wo man aber sowieso lieber Wald hätte und vom Strassenbeton genug. Und wieder war es die Hand, die mir das sagte, die vorgehaltene, nicht die dargebotene. Neun Milliarden Franken[75], das Zwanzigfache der Forstsubventionen, bringe der Wald jährlich, eher schlecht gerechnet, haben die Waldforscher errechnet, Klima-, Reinluft-, Erholungs-, Schutz- und Lebensraumwert nicht gerechnet. Wer möchte da so berechnend sein, den Strassenwert gegenzurechnen, da machen selbst die baumgenössischen Räte lieber nur einen Satz als den Dreisatz, den jedoch heftig. Einem helvetischen Führer habe ich die Worte abgelauscht: *Die Wirtschaft steht zum CO_2-Gesetz, trotz der Verunsicherung durch die Klimapolitik der US-Regierung*[76], mich verunsichert dieses «trotz» heute noch, dazu stehe ich nun wieder. Die Zukunft des Waldes, von der man in manchen Ländern ja schon gar nicht mehr spricht, lässt bei uns auch die Höchsten nicht kalt. Denn unter dem Eindruck des Waldwertes rief gar der Bundespräsident des Jahres 2001 persönlich auf: *Horchen wir in den Wald!*[77] Nun ja, ich bin gefügig und habe gehorcht, obwohl diese Lauschangriffe ja wenig bringen, höchstens wieder einen dieser Ficheneinträge, und seit dem 11. September könnte mir ja noch mehr blühen, was nicht grün ist. Dann werde ich den Wald nicht einmal mehr anzusehen wagen, denn auch dies schrieb der Bundespräsident: Dann werde man sehen, *wie es um uns steht,* er sagte nicht, *wer* um uns steht, aber mir kann er nichts vormachen. Vielleicht stelle ich mich

[73] Beckenried: Gemeinde im Kanton Nidwalden. Gemeint ist Winkelried, schweizerischer Sagenheld; er soll in der Schlacht bei Sempach feindliche Speere gepackt und auf seine Brust gezogen haben, wodurch eine Bresche entstand und Leopold III. von Österreich besiegt wurde. Vgl. auch Schiller: Wilhelm Tell.

[74] Nörgele(n): österreichische Kobolde des Mittelalters, die sich durch ständiges Nörgeln hervortaten, bei pfleglicher Behandlung aber gutmütig waren.

[75] UMWELT, Heft 2/2001, Bundesamt für Umwelt, Wald und Landschaft, BUWAL.

[76] Radio DRS 2, Echo der Zeit, Juni 2001.

[77] UMWELT, Heft 2/2001, Bundesamt für Umwelt, Wald und Landschaft, BUWAL.

Auch Wälder kennen Tore.

Der Brennwald über Emmetten im Kanton Nidwalden hat seinen Namen nicht von der Köhlerei erhalten, sondern weil der Wald hier wirklich einmal brannte. Forst botanisch gesehen ist er ein Weisstannen-Fichten-Buchenwald auf den stehen gebliebenen Rippen eines Gletschers, der sich vor langer Zeit zurückgezogen hat. Ein dichter, eher dunkler Wald, in dem vorab die Weisstanne gut gedeiht, worauf der Förster besonders stolz ist. Wo Licht einfällt oder der Wald ausgelichtet wird, zeigen sich Ahorn, Esche und Eberesche. An einer bestimmten Stelle des Brennwalds liegen auch die spärlichen Reste einer Siedlung, das erste Emmetten.

freiwillig. | Fürs Erste aber stellte ich mich tapfer, hoch über Emmetten, mitten in den Brennwald, fürs Zweite kann ich nichts, es war der Regen. Vielleicht war die alte Raetia[78] ungnädig, weil ich sie nicht verständigt hatte, Raetia, von der man sagte, sie hätte Baum und Wald, Hain und Feld von Augsburg bis zum Gotthard beherrscht; ich danke den Römern, dass ich wenigstens ihren lateinischen Namen kenne: Sie war die Nachbargöttin der Schwarzwälder Adnoba und diese des Vogesengottes Vosegus und dieser der Ardennengöttin Arduinna, sie haben ihre Wälder aneinander gereiht, und ich konnte sie, vermutlich dank meines ganzheitlichen Regenopfers, verschleierter Augen und tropfender Fotoapparaturen, plötzlich sehen. 2000 Jahre zurück, ein Waldland, unermesslich, ich habe mich ziemlich verloren gefühlt mit meinen 15 Metern Messband, aber ich weiss jetzt, was ein dampfender Bergregenwald ist, in dem, schimmernd von Nässe, unter Farn und Kraut, schneckenverschleimt und harzverleimt, ungeschützt den mächtigen Füssen der Buchen, Weisstannen und Fichten ausgesetzt, belagert von schrötigem, grauweissem, dunkelmoosgrünem Fels die Mauerreste eines frühen Emmetten liegen. | Ich habe diesen Wald unverzüglich zum *Kraftwald* erklärt, denn wo verborgene Siedlungen liegen und ein Haus der Götter, da mussten ja einst, vor dem Bau, auch die Schweine für den Kraftbodentest gelegen haben, und fand der Haruspex[79] nach Schweineopfer und Schweingeweideschau kein krüpplichtes Organ, dann wurde gebaut. Auch ich hätte gerne einmal so gebaut, leider hatte ich bisher kein Schwein. Eine Stunde habe ich hier auf den Haruspex gewartet bis mir auffiel, dass ein so frührömischer Orakler sich schwerlich in spät alemannisches Gebiet wagen würde, wenn schon, dann hätte ich erwarten müssen, dass hier der Vittolfr[80] zwischen Gebüsch und Gefels oder gar *aus* Gebüsch und Gefels hervorträte, dieser Ahnherr unserer germanischen Seher, der allerdings ohne Schweine baute. Wenn er baute. Übrigens habe ich mich inzwischen vom beliebten Orakelkraftschwein distanziert, auch es hat seine Schwächen, vorab wenn sein Organ nicht zeigt, was der Haruspex sehen wollte. Dann griffen die alten Römer zum nächsten Trick, jagten einen Hirschen auf, trieben ihn eine Weile vor sich her, liessen dann irgendwo die Pfeile fliegen und bauten doch – dort, wo der Hirsch lag. Und ich, der ich schon kein Schwein habe, woher erst sollte ich einen Hirschen nehmen, zumal diese ausserhalb der Bauzone leben? | Oft staune ich vor dem Sichtbaren, das Unsichtbare erstaunt mich eher, etwa wenn einer von «stehendem Holz» spricht. Ob Emmetten sehe ich liegendes Holz aus dem jüngsten Regnum Lotharii[81], doch statt stehendem Holz sehe ich trotz aller Anstrengung immer nur Bäume. Es muss eine Art Stützlibaumsex geben, der mir bisher verschlossen war, eine Weise, ich glaube, es ist keine fromme, den Baum bei Lebzeiten nackt sehen zu können, rinden- und astlos, vollschäftig und brettförmig. Ich wollte zwar schon immer Voyeur werden, aber das hatte ich mir im Wald eher griechisch vorgestellt: Ein Eschenöpferchen hier, ein Eichenöpferchen dort, und husch, hinter eine Buche, jetzt müssen sich die Eschen- oder Eichennymphen zeigen, von Böcklin[82] weiss ich, dass sie wenig anhatten. Gefürchtet habe ich mich nur davor, ich könnte Artemis selbst beim Bade überraschen und sie könnte mich gewohnheitsmässig für Aktäon halten, aber ich wäre gewappnet gewesen und hätte ihr wahrheitsgemäss den Bannruf entgegen geschleudert: «Ich *bin* nicht Aktäon!»[83] Und hätte sie doch gesehen! – die griechische Mythologie müsste noch im Nachhinein umgeschrieben werden. Freilich, «stehendes Holz» möchte ich nicht einmal heimlich sehen. Schon gar nicht im Brennwald, wo ich andauernd das Gefühl hatte, es sähen mich die Bäume *und* die

[78] Zahlreiche Land-, Gebiets- und Waldnamen sind aus keltischen, germanischen oder lateinischen Götternamen hervorgegangen, so auch in den Gebieten griechischer Kultur.

[79] Etruskisch-lateinischer Orakelpriester, der aus Wunderzeichen weissagte.

[80] Altnordischer Ahnherr der Weissager und Seher. Gylf 4; Saxo Grammaticus VII, 219.

[81] Gemeint ist die Herrschaft des Sturms «Lothar».

[82] Arnold Böcklin (1827–1901), schweizerischer Maler, malte vor allem mythologische Themen.

[83] Artemis, die klassische Beschützerin der Wälder und Tiere, aber auch Jägerin, war zudem eine «eiserne Jungfrau», wer sie nackt sah, musste sterben. So der Jäger Aktäon, der sie im Wald beim Baden überraschte, worauf Artemis ihn in einen Hirsch verwandelte, worauf Aktäon von seinen Hunden zerrissen wurde.

Steine an und hinter den Baum- und Felsenaugen lägen die Augen von Göttinnen und Nymphen auf mir, diese alten Voyeurinnen, die *ich* nicht sehen konnte. Ein Neuheide hat mir empfohlen, in solchen Fällen ein paar Tollkirschen zu essen, man sähe dann zumindest eine Deva. Leider sagte er nicht, ob eine indische oder eine zoroastrische, immerhin sah ich einen Dachs – wahrscheinlich war er verkleidet. Da ich nun aber in diesem Wald nicht bleiben konnte, werde ich von ihm träumen, mit Belladonnas[84] Hilfe vielleicht etwas gesteigert.

[84] Apis belladonna, die Tollkirsche. Nach A. Bierce auch: Im Italienischen eine schöne Frau, im Deutschen ein tödliches Gift.

Möglicherweise ist Nomen doch Omen. **NEUENBURG** jedenfalls hat mir in der Zettelei die Spur zu einer der aufregendsten Baum-Neuigkeiten gelegt. Bisher, ich bin mit Vorurteilen fast so behangen wie mit Göttern, traute ich Wissenschaftlern beim Blick auf Bäume kaum mehr zu als eine Sicht des Faktischen. Neuenburg hat mich nun, obgleich mir das Schlechtere meist näher liegt, eines Besseren belehrt. Hier steht auf Jurahöhen im Hochtal von Les Ponts die *Allée des Naturalistes*, der allerdings zur rechten Perspektive, die in den letzten Jahren freilich als Röhrenblick besser bekannt geworden ist, die rechte beziehungsweise die linke Seite fehlt. Mit anderen Worten, sie ist einreihig und vornehmlich von Eschen und Bergahornen belebt. | An ihrem Ende liegt, in wald-, moor-, gras- und kuhfreundlicher Umgebung, ein Landhaus; an ihrem Anfang stand vor 500 Jahren ein Jagdhaus, von dem ich gerne gewusst hätte, was darin gejagt worden war, aber es ist längst vom berüchtigten Zeitzahn gerissen worden, den auch ich beim Jagen zuweilen verdächtig nahe fühle. Im Landhaus lebte um 1850 Edouard Desor, ein Hugenotte aus dem Taunus, Ausländer. In den 30er Jahren hatte er selbst aus Deutschland fliehen müssen, man hatte etwas gegen Köpfe, die öffentlich über die Freiheit nachdachten. In Neuenburg wurde der Jurist Desor Naturforscher, beschrieb geologische Alpenreisen, ging nach Amerika, beschrieb Schnurwürmer und Medusen, betrieb im Auftrag Pennsylvaniens Geologie, schrieb über und gegen die Sklaverei in den USA, kehrte 1852 nach Neuenburg zurück, wurde 1862 Grossrat, dann Schulrat des Polytechnikums Zürich, dann Neuenburger Staatsrat und für Neuenburg Stände- und Nationalrat. Von ihm stammen der Begriff «Moräne», das Wort «Valanginien» für eine bestimmte geologische Kalkschichtstufe und der Name des Alpengipfels Agassizhorn, und schliesslich ist auch die geologische Karte der Schweiz in wichtigen Teilen ein Desor-Stück. Er starb 1882 mit 71. Und hinterliess die Allée des Naturalistes. | So hatte auch ich mir immer die Verewigung von Freunden vorgestellt, aber ich besitze nicht einmal ein Stadthaus, geschweige denn ein Landhaus, und wo, ohne Land, soll ich dann eine Allee hernehmen? Gemessen an Desor, in der Regel messe ich mich ja mit niemanden, gemessen an ihm aber würde mein Freundeskreis schon gar keine rechte Allee hergeben. Desor hatte 100 und widmete nur den wichtigsten 68 einen Baum. Immer wenn so einer die Nacht auf dem Landhaus verbracht hatte, malte Desor dessen Namen weiss auf einen der Bäume des Zufahrtswegs. Das wäre nicht mein Problem, ich könnte nächtens Namen auf die öffentlichen Alleebäume vor dem Haus malen, aber Leute nur zum Namenlesen zu bringen, würde mich nicht befriedigen, mir fehlen die Berühmten. Der viersprachige Desor hingegen malte auf seine Bäume die Schweizer: Borel, Dubs, A. Keller, Droz, Schenk, Welti, Berthoud, Clément, L. Favre, Hartmann, Siegfried, Vogt, Hirsch, Coulon, Schönbein, Bolley, Wolf, Studer, Merian, A. Favre, de Loriol, F. Lang, Theobald, Gerlach, Gressly, A. Escher, Nicolet, Godet; die Deutschen: M. Wagner, Küchler, Venedy, C. Mayer, Virchow, Krauss, Eisenlohr, Liebig, Wöhler, Will, Dove, Siebold, F. Roemer, Zittel, Fraas; die Franzosen: Buisson, Zickel, Dollfuss, Colomb, Mortillet, Planchon, W. Schimper, Martins, Reinwald; die Amerikaner: Parker, Lyman, Leslie, Whitney, J. Hall, Lesquereux; die Italiener: Targioni, Stoppani, Capellini, Gozzadini; die Engländer: Lyell, Ramsay, Wright; den Belgier Le Hon, den Holländer Moleschott, den Schweden Siljeström[85]. 50 davon waren Naturforscher, 18 zumindest Politiker. Vielleicht ist auch dir der eine oder andere bekannt? | Ich war im Jahr 2000 da und trug heimlich Pinsel und weisse Farbe im Gepäck. Manche der Bäume trügen, sofern mein Gewährsbericht nicht trog, mehr als einen Namen, da würde ja wohl auch mein Name irgendwo unterzubringen

Doppelseite 76/77: Es gibt vier-, drei-, zwei-, aber auch einreihige Alleen. Die Zweireihigen sind die häufigsten. Sie sollten Schatten spenden, vor allem marschierenden Soldaten. Die einreihigen waren meist als Windschutz gedacht. Die Allée des Naturalistes auf dem Gemeindegebiet des neuenburgischen Noiraigue ist einreihig, aber kein Windschutz, sondern der Erinnerung an die Gäste und Gesprächspartner des Hausherrn gewidmet, dessen Landsitz am Ende – oder Anfang? – der Allee liegt. Edouard Desor, Naturwissenschaftler und Politiker, verewigte auf ursprünglich 68 Bäumen die Namen von Wissenschaftlern und Politikern, die bei ihm übernachte- ten; heute sind weniger als 40 Bäume geblieben, doch bleibt die Idee einer Allee von Bäumen der Erkenntnis singulär.

[85] Heinz Balmer: Edouard Desor und sein Landhaus Combe-Varin, in: Gesnerus, Vierteljahresschrift der Schweizerischen Gesellschaft für Geschichte der Medizin und der Naturwissenschaft 1975.

Auch Alleebäume fallen Zeit und Sturm zum Opfer, Erkenntnisse gelegentlich ebenso.

DROZ
ZICKEL

sein, und so gälte auch ich endlich einmal für clever. Ich hatte nicht mit dem Zahn der Zeit gerechnet, er hat in den letzten 25 Jahren sichtlich oft und erfolgreich gerissen und nur noch 40 Bäume verschont. Und ich hatte nicht mit einem offenbar ländlichen Verschönerungsverein gerechnet, ich denke, ich sollte überhaupt nur noch mit Shareholdern rechnen und jetzt nicht einmal mehr damit. Die Namenshinterlassenschaft jedenfalls ist nicht mehr aufgemalt, dem Freizeitverein fehlt gewiss die Zeit, sie jedes Jahr zu erneuern, was ich gut verstehe, die Terminkalender der Freizeitgesellschaft erlauben ja nicht einmal mehr das Laubrechen, da rechnet mancher lieber gleich mit dem ganzen Baum ab. In kluger Rationalisierung griff der vereinte Verein daher zu Holzschild, Brandschrift und Draht, und da hängen sie nun, die Namen, wie weiland Franz Lehmann im Tegeler Forst, tote Scheite aus Holz, schief und krumm und lackiert. | Du verstehst, dass dies meine Pietät entschieden herausforderte. Die Höhe, in der sie hängen, forderte freilich auch meine beiden speziell schweizerischen Übersinne heraus, den Versicherungssinn, ja selbst den Rückversicherungssinn, aber ich versichere dir, ich habe die Policen geprüft und erst danach wenigstens zwei dieser Hängeklötze eigenhändig und unter grösseren Sturzgefahren zurechtgerückt. Es bleibt nämlich eine singuläre Idee, so vielen Naturforschern ein so lange währendes Baumdenkmal zu setzen (wie gerne hätte ich *immerwährend* geschrieben, aber das Wort war schon besetzt), sie so direkt dem Sezierenden zu entziehen und mit dem Lebendigen zu verbinden, obgleich diese Bäume jetzt ziemlich verbunden aussehen. Lebensläufe wie der des Edouard Desor erinnern mich aber doch schmerzlich daran, wie weit *ich* es gebracht habe.

Auch Namen sind Mythen. Vor **OBWALDEN** hielt ich sie für glaubwürdig, seither bestenfalls für glaubhaft, denn es ist pure Legende, dass die Obwaldner über dem Wald leben. Auch ihnen fällt der Wald, wenn er denn fällt, auf den Kopf, möglicherweise ist der Fallweg kürzer, was aber fallweise, ich habe mich überzeugt, auch nicht der Fall ist. Im Zweifelsfall wäre eine behördlich vorgeschriebene Sicherheitsfällung denkbar. So beispielsweise bei vorhersehbarem Windfall oder bei meteorologisch angekündigter massiver Ausfällung von Schnee, von Sonderfällen ganz zu schweigen, die aber selten auf die ganze Schweiz übertragbar sind. | Im August habe ich einen dieser Sonderfälle besucht, die *Muttergottestanne*, ein heiliger Baumstrunk, nicht direkt, was mich wunderte, aber immerhin in der Nähe des Bruder-Klaus-Wegs von Stans nach Sachseln gelegen. Von ihr habe ich in einem magischen Büchlein gelesen, sie sei *muttergöttlich besetzt*, da ja alle Bäume weiblich seien, worauf ich der Waldeinsamkeit die Frage stellte, weshalb es denn einige Ausnahmen gebe und der ganze Wald, also das Umfassendere, männlich wären, und dies ebenso für die Bäume, zumindest mehrheitlich, in den romanischen Sprachen gelte, das Griechische die Bäume als Sache betrachte und das Englische sich sogar für eine Art Geschlechtslosigkeit entschieden habe? Du hast wohl auch nicht erwartet, dass ich Antwort erhielte? Möglicherweise habe ich sie auch nicht verstanden, die Einsamkeit war von Holzfuhrwerken und an der Muttergottes vorbeikurvenden Obwaldnern ziemlich durchdröhnt. Ferner las ich im Brevier, dass diese Muttergottestanne die *Heiligung der weiblichen Geschlechtlichkeit*[86] repräsentiere, vermutlich weil in ihrem Strunk ein senkrechter Frostriss klafft. Ob die Obwaldnerinnen das wissen? Und erst die Obwaldner? Und der Pfarrer? Der zuständige Bischof? Und wieder einmal blieb ich vor so einem Restbaum auf meiner Skepsis sitzen, sie ist schon ziemlich durchgesessen. | Merkwürdigerweise habe ich nichts über die Entstehung dieser Tannenheiligung gelesen, wo doch von nichts auch nichts kommt, ich kenne den Satz des Basilides. Er lässt mich ahnen, die Ahnen, jedenfalls die Schreibkundigen, sind übrigens eine gute Verbindung zu älteren Überlieferungen, dass an dieser Tanne einst, *als sie noch gross und schön war wie ein Maitli*[87], ein wundertätiges Gnadenbild gehangen hat. Und auch wenn in Obwalden keine Kirche um diesen Baum gebaut wurde, im 17. Jahrhundert sind auf diese Weise in Europa Dutzende von Wallfahrtskirchen entstanden: Zuerst war ein besonderer Baum da, an ihn hing irgendwann jemand ein Marienbild, das plötzlich Wunder tat; der Pfarrer liess es, weil doch Bäume böse heidnische Symbole sind, in die Kirche bringen, doch am nächsten Morgen hing es wieder am Baum. Verständlich, dass dem Priester die Sache verleidete, er liess eine Kapelle zum Baum bauen, da kamen immer mehr Gläubige, da wurde die Kapelle zu klein, man baute ein Kirchlein um den Baum herum, das Dach blieb offen für die Krone des Baums, es kamen immer mehr Gläubige, und aus dem Kirchlein wurde eine Wallfahrtskirche, so gross wie in Ellwangen oder «Maria Hilf» in Mülheim, oder «Maria in der Tanne» in Triberg oder «Maria Birnbaum» in Aichach oder «Maria Taferl» in der Wachau oder «Madonna dei bagni» bei Perugia oder Kloster Neuburg, wo Maria im Holunder[88] erschienen war. Nie verschwand der Gnadenbaum aus der Kirche, starb er ab, fand er seinen Platz im oder hinter dem Hochaltar, und dort steht er vielerkirchs heute noch, heidnisch bis ins Mark. Auch die Muttergottestanne in Obwalden hat hinter sich eine Kapelle erhalten. Eine Wallfahrtskirche ist daraus nicht geworden, die Lage stimmt nicht mehr, zu wenig Laufkundschaft, Mangel an Parkplätzen, angesichts der Konkurrenz von «Maria Shopping» auf der Wiese oder an der Autobahn irgendwie verständlich, aber diese Liturgie möchte ich ihr eigentlich nicht zumuten. Hast du gewusst, dass schon in Dodona ein Tempel gestanden haben soll, aus dessen Dach ein heiliger Baum ragte? Ich auch nicht, aber Philostratos imagines sagt es. | Ich habe mich vor und hinter Altären umgesehen, solche Baumkirchen oder Kirchbäume sind dort leicht zu

[86] Pirmin Meier: Magisch Reisen Schweiz, Goldmann, München 1993.
[87] Karl Biedermann: Was en Chorb chostet im Klettgi usse, Gemssteg Verlag 1994.
[88] Albert Walzer: Wallfahrtskirchen mit eingebautem Baum, Jahrbuch für Volkskunde I (ohne Verlagsangabe).

Wir kennen heute nur noch wenige Birnbäume, die ein nachweisbares Alter von etwa 350 Jahren haben; ein solcher Baum ist die Rötelbirne in Sachseln, die nach wie vor reiche Frucht trägt, klein, aber exzellent. Ihr Wurzelwerk greift bis zu 30 Metern aus. Der Baum ist kantonal geschützt.

Rötelbirnen im Schoss der Mutter.

Die «Muttergottestanne» über Kerns ist der Rest einer Fichte mit einem senkrechten Frostriss, hinter ihr steht ein nur wenig grösseres Kapellchen. Es ist kaum zu bezweifeln, dass es sich um das Relikt eines in der Schweiz selten gewordenen «Gnadenbaums» handelt. Dass an ihm einst ein wundertätiges Marienbild gehangen haben könnte, ist weniger entscheidend als die Tatsache, dass der Baum der Ort von Erscheinung und Wunder war. Der Ort der Epiphanie ist seit der Steinzeit fast weltweit und unabhängig von der Art der Götter derselbe: Baum, Quelle, Quellgrotte.

rekonstruieren und lassen jeden Archäologen, von den Paläontologen nicht zu reden, vor Neid erblassen: Baum und Quelle sind seit immerhin Jahrtausenden Ort der Göttererscheinungen, mal erschien Ischtar, mal Kybele, mal Brigid, schliesslich Maria. Baum und Quelle verkörpern das Zyklische, das Ewige und das Leben, wenn sie immergrün sind, ganz besonders, die Götter haben keine Wahlfreiheit, es gilt stets Fatima oder Lourdes. Ich gebe zu, besonders freiheitlich ist das nicht, aber die Götter hielten selbst nie viel von unserer Freiheit, dafür sind sie gegen die Kraft unserer Suggestionen machtlos. | Ich möchte natürlich möglichst wenig Geheimwissen von den Bäumen und aus dem Wald hinaustragen, zudem wird schon genügend Neumythisches hineingetragen, es dürfte Jahrzehnte dauern, das Ausmass der Schädigung zu erfassen, ganz zu schweigen vom unbewilligten Gewimmel von Hexen und Hexern, aber Obwalden hat, wie du weisst, an heiligen Walddingen mehreres zu bieten. Ich denke nicht an diesen oder jenen in abgelegenen Waldflühen noch verborgenen Schalenstein mit roten Spuren keltischer, womöglich präkeltischer Opfer, ich denke an das Wunder jenes Birnbaums, von dem Hera wie vor den Zeiten den ungeheuren Segen ihrer Früchte fallen lässt, eine Rötelbirne, 300 Jahre alt, trotz allem, was nun nach den Zeiten aus dem Olymp, der schon seit einiger Zeit ziemlich unbrauchbar geworden ist, auf ihre Früchte fällt. Ich habe diesen Baum lange angesehen, mindestens so lange wie er mich, und siehe da, wie die neueren Mythologen gerne ausrufen, es passte alles schön zusammen: Die geheime Ehe der Geschwister Hera und Zeus, es gab natürlich später eine offizielle, dauerte 300 Jahre[89]; Lukian sagt, *Es haben zuerst die Menschen den Göttern Haine geweiht, Vögel geheiligt und jeder Gottheit einen besonderen Baum beigelegt*[90]; Pausanias sagt, die Sitzstatue der Hera von Tiryns, *die als eines der ältesten und ehrwürdigsten Götterbilder Griechenlands galt*, war aus *Birnbaumholz* gefertigt[91]. Meine Rechnung ist, wie mein Zweifel es schon ungeduldig erwartete, untergegangen. Die geheime 300-Jahre-Ehe wurde nur auf Samos erzählt und ist nur eine von einem halben Dutzend anderslautender Mythen; als Hera vom Birnbaum wurde Hera nur in Tiryns verehrt und sonst nirgendwo, und Lukian verheimlicht, welcher Baum Hera gehörte. Nach diesem Fehlschlag habe ich versucht, den Zuschlag Freyja zu geben, aber wenn schon Hera in Obwalden nicht verehrt worden war, so war Freyja zwar eine Fruchtbarkeitsgöttin, aber den Südgermanen ziemlich unbekannt. Die einzige Parallele zu Hera ist, dass auch Freyja ihrem Freyr in Geschwisterehe verbunden war, also wieder bloss diese unziemliche Geschichte. Du verzeihst, dass ich abbreche, aber diesen Birnbaum werde ich weiterhin verehren.

[89] Karl Kerényi: Die Mythologie der Griechen I.

[90] ebenda.

[91] Walter Burkert: Homo Necans; Claude Lévi-Strauss: Mythologica.

Seit ich auf der *Bödmeren* war, möchte auch ich ein **SCHWYZER** werden. Hier herrscht das Ungeordnete, zu dem ich schon von Natur aus schmerzensreich neige, weshalb mir gute Freunde immer wieder mit Descartes[92] in den Ohren liegen, was meine Gehörgänge mit der Zeit unüblich weitete und meine an der Flucht gehinderten Ohren etwas abstehen liess. Descartes also, dem schon eine millimeterkleine Abweichung einer Linie als Gräuel[93] galt, nebenbei, wie angenehm, ist unser Kater ein Schwärzel und kein Gräuel. Um einen Wald zu durchqueren, empfahl Descartes die gerade Linie, was auf mechanische Eingriffe in Form einer Schneise hinausliefe. Gerne liesse ich den Mann noch heute hineinlaufen in diesen Bödmerenwald, meine Axt würde ich ihm, da ich ja kein Zimmermann bin, gerne herleihen, doch hätte Descartes diesen Bödmerenwald gekannt und hätte er diesen Gang gewagt, wir läsen heute die Biografie eines früh zerrütteten Genius. | Man kann über einen Wald viel sagen, im Bödmerenwald habe ich geschwiegen. Schon die alten Schwyzer, das ist lange her, sofern sie sich je dort hinaufwagten, haben ihm einen dunklen Namen gegeben. Bin ich nun, war wieder einmal die Frage, auf *den* Bödmeren, auf *dem* oder auf *der* Bödmeren? Bin ich ferner *auf* oder *in* ihr, ihm oder gar in ihnen? Nach einigen Schritten hoch erhobenen Hauptes war ich in ihr, ihm oder ihnen, mit dem linken Fuss, 15 Zentimeter tief. Der Bödmerenwald weigert sich, irgendein Freizeitverhalten anzuerkennen, sein Standpunkt ist erkennbar unfest, es sei denn, wir verwandelten uns in Bergfichten, die jedoch in unseren Ur-Genealogien nicht vorkommen. Dort waren Ulmen und Eschen, Eichen und Eiben unsere mythenbewiesenen Urmütter[94]. | *Wer hat dich, du schöner Wald, aufgebaut, so hoch da droben?* Hätte Eichendorff diesen Vers auf den Bödmerenwald gemünzt und wäre er Bergbauingenieur gewesen, die Antwort wäre trotz mehrerer Strophen kein letztlich unklares Gedicht geworden, denn die Antwort ist geologisch, um nicht zu sagen vielschichtig. Denn erst von den Geologen erfahre ich, *wer* diesen Bödmerenwald aufgebaut hat und vor allem, dass er im Gebiet *der helvetischen Decken* liegt. Ich weiss nicht, wie weit diese reichen, aber ich habe es geahnt – es muss etwas schwer auf diesem Land liegen. Bisher dachte ich an Deckel, aber es sind Decken. Womit ich mich nicht mehr auf den landesüblichen Trost hinausreden kann, es liege da Fremdes auf, Infiltriertes, womöglich über grüne Grenzen Penetriertes, nein, es sind die eigenen Decken, helvetische. Und dies samt Jura-Kern, zur Pragellinie abgefahrenen Flachmeer-Sedimenten, abgeglittenen Silberen-Schuppen und dem hochgestauten Bös-Fulen-Gewölbe, auf dem sich die Silberen und der Bödmerenwald nach des Dichters intuitivem Wort aufbauten. Abfahren, abgleiten, hochstauen, aufbauen – ich denke, du denkst wie ich, wir sollten uns mehr mit der Geologie beschäftigen, sie muss etwas mit den übrigen schweizerischen Faltungen und Verstellungen, übrigens alles geologische Begriffe, zu tun haben. | Über diesem Bödmerenwald liegt übrigens die Silberen. Dorthin ginge ich nur für viel Geld, als Science-Fiction-Schauspieler. Es ist das Antlitz eines fernen Planeten, das weiteste, kalkhell leuchtende Karstgeschrund der Schweiz, Silene, die Mondgöttin, ist anwesend, in ihren allerdunkelsten Aspekten. Das haben sich die Schwyzer so erklärt, dass der Teufel sich hier einst auf einem Acker wähnte, ihn umpflügte und, vom Ergebnis entsetzt, so heftig in die Tiefen zurückfuhr, dass das Hölloch entstand. Offenbar weiss nur der Teufel nicht, wo er ist und was er tut, weswegen immer der andere gewinnt. | Da die Silberen über dem Bödmerenwald liegt, liegt dieser unter ihr, auf 1400 bis 1550 Metern Höhe, die Fichten tragen sich als perfekte, auf schlanke Länge gezogene Kerzen selbst den Berg hinauf und sehen zugleich aus wie hagere alte Damen in Tracht. Der Wald ist 600 Hektaren gross, der grösste Fichtenurwald des uns geläufigen Europa, und das Reservat im Kern mit

[92] René Descartes (1596–1650), französischer Philosoph, Mathematiker, Physiker, gilt als erster systematischer Denker der Neuzeit.

[93] Vor der Rechtsschreibreform: Greuel, jetzt Gräuel, obwohl etymologisch mit grau nicht verwandt, führt daher zu Sinnverschiebungen, wie gezeigt.

[94] Herkunftsmythen: Zahlreiche historische Völker glaubten, ihre Ureltern, meist die Urmütter, wären Bäume gewesen (Eichen, Eiben, Eschen).

Schatten und Licht im sommerlichen Bergfichtenwald; winters gehört er ausschliesslich sich selbst und den Wildtieren.

Bödmeren – noch ist die Welt nicht virtuell und modischen Pseudoabenteuern zugänglich.

70 Hektaren immer noch weitläufiger als die Derborence mit 22 und der Scatlé von Brigels mit 9 Hektaren. Man verwendet, vorab Walter Kälin[95], der über 80-jährige einstige Kantonsforstmeister, der zäh wie seine Bergfichten für noch mehr Schutz kämpft, auch er verwendet grosse Worte für den Bödmerenwald, was gewohnheitsmässig meine immer nur leicht schlafenden Zweifel geweckt hat. Aber sie sind nicht gross genug, die Worte, meine ich. Der Wald steht auf den gleichen messerscharfen Schleifsteinen wie die Silberen, auf Löchern, in Schründen, um verborgene Gletschermühlen, auf Spalten, die nicht das Eis deckt, sondern ein jahrhundertealter Nadelteppich. Er ist vor 10 000 Jahren entstanden, Pionierwald nennt man ihn, ein Wald, der wächst und stirbt und auf sich selbst wieder wächst, die meisten Fichten sind 100 bis 300 Jahre alt, die dickste ergab bei 240 Jahren einen Durchmesser von 98 Zentimetern, die älteste ist genau halb so dick, aber mehr als doppelt so alt, keine Riesen, nur unendlich zäh. Ich bin nicht Einstein, aber so viel habe ich jetzt endlich von Relativität verstanden. Ich habe auch verstanden, dass der alte Kantonsförster seinen Schutzkampf verlieren musste, denn die Argumente, die er ins Feld, das heisst, in den Bödmerenwald trug, trugen die Korporatioren flugs wieder hinaus. Die einzigen, die diesen Wald schützen können, sind Gott und die Korporation, beide sind ja dafür bekannt, dass sie es *schon recht* machen. | Ich bin süchtig nach Büchern. Dieser Wald ist ein Buch, auch das Buch einer Besiedelungsgeschichte, die ohne uns auskam, ohne Feuerstelle, Herd, Zentralheizung. Zuerst die Föhren und Birken, dann der Hasel, vor 5000 Jahren Eichen, Linden, Bergulmen, Eschen, Ahorn, seit 3000 Jahren Fichten, Weisstannen, Erlen, seit 1000 Jahren auch Kühe. Der Bödmerenwald der Oberallmeindkorporation Schwyz war nie ein Nutzwald, hier fällt man Bäume unter Lebens-, wahrscheinlich auch unter Todesgefahr, und mehr denn je unter Geldverlust, was das Fällen am meisten behindert. Seit 1950 ist der Wald in der Schweiz trotzdem um 990 Quadratkilometer[96] gewachen, gross wie der Thurgau, eine echt schweizerische Leistung, denn schuld war nicht der Bundesrat, schuld waren nicht die Kantonsregierungen oder die Kantonsräte, schuld war keine Gemeinde. Schuld war das Volk, indem es unrentable Weiden an Orten aufgab, wo auch sonst niemand ein Häuschen oder mehrere bauen darf, eine Volksleistung sozusagen. Darüber denke ich manchmal so, manchmal aber auch so. Auch auf den Inseln zwischen den Fichtendamen auf der Bödmeren stehen Alpställe, dort grast aber immer noch das Vieh, ich weiss nicht, wie die sich halten, rein kostenmässig, vielleicht ist der Grosse Shareholder auch dort vorbeigewandert? Und das Vieh grast, was ich ihm gönne, unbehelligt von Tiefschneefahrern, Langläufern, Joggern und Bikern, die Evolution hat uns lange Zeiträume der Anpassung verschrieben bis Beine zu Gleitflossen, Gemshufen oder gar Rädern werden. Aber vielleicht rechne ich wieder einmal nicht mit heimlich fleissigen Genetikern. | Auf der Bödmeren möchte ich Hinterwäldler sein, wenn überhaupt. Noch besser wäre Eremit. Darüber wollte ich schon lange mit dir sprechen. Vielleicht würden dann diese wiederkehrenden Schübe von Selbsterwähltsein nachlassen, obwohl ich jenen berühmten Ruf noch nie direkt vernahm, es war immer der Kuckuck. Inzwischen ist auch der selten geworden. Bezüglich der Wahl der Eremitenart bin ich nicht im Klaren, grundsätzlich ziehe ich ja Weinbrände vor, was für einen gallischen Druiden spräche. Schamane käme nicht in Frage,

Doppelseite 90/91: Gemessen am Massstab absoluter Unberührtheit, ist der Bergfichtenwald auf der Bödmeren über dem Muotatal kein Urwald – auch hier wurde seit Jahrhunderten Holz geholt. Und doch ist sein geschütztes Kerngebiet von 70 Hektaren ein Stück Urwald. Das Karstgelände ist derart zerklüftet, dass der Holzschlag nur mit gewaltiger Anstrengung und unter Lebensgefahr möglich ist. Die meisten Fichten sind über 100 Jahre alt, viele über 200, die ältesten bis über 400. Wer hier wandert, läuft stets Gefahr, in eine verborgene Karstspalte einzubrechen. Der Bödmerenwald auf rund 1500 m ü. M. gilt als der grösste und ursprünglichste Fichtenwald der gesamten Alpen, ein Erbstück, dessen Erhaltung als Natur- und Kulturgut eine Leistung über die Schweiz hinaus wäre. Dennoch haben die Bauern der Oberallmeindkorporation Schwyz (Besitzer) im Jahr 2001 ohne Not eine Erweiterung des Schutzgebiets abgelehnt.

[95] Walter Kälin, Ernst Scagnet: Urwald in den Schwyzer Bergen, Werd Verlag, Zürich 1997.
[96] BUWAL, Bundesamt für Umwelt, Wald und Landschaft, Bern.

der lebt im Dorf oder am Dorfrand, als germanischer Gote wäre ich gleichzeitig Häuptling und könnte wiederum nicht im Wald leben, auf griechisch müsste ich wohl die Pythia, auf römisch eine Sibylle sein, was eine Geschlechtsumwandlung und ein Leben im Tempel erzwänge[97]. Bliebe noch der christliche Einsiedler, da fürchte ich freilich den Zulauf und noch mehr den Kiosk, der in meinen Einsichten gute Aussichten witterte, sobald sie gedruckt vorlägen. Auch muss ich berücksichtigen, dass die Waldheiligen schon im Mittelalter und erst recht in jüngster Zeit so raffiniert gefälscht wurden wie Ethnokunst aus Mali. Heinrich III. liess im 13. Jahrhundert Einsiedler in den eremitenlosen südenglischen Wäldern installieren[98], so verrückt waren die Leute nach ihnen. Ich lande also wieder bei den Druiden, die bekanntlich fliegen konnten, aber als Mitkönige so beschäftigt waren, dass ihnen für das Waldleben dennoch nicht viel Zeit blieb. Beschäftigung habe ich freilich ohnehin mehr, als mir lieb ist, da wären Mistel und vergoldete Sichel kein rechter Trost. Nein, ich lasse die Bödmeren, wie sie ist oder sind. Wenn ich sie wieder besuche, werde ich freilich um eine gewisse Andacht nicht herumkommen. Du kennst den schönen Vers: *Wer möchte leben ohne den Trost der Bäume!*[99] Ich könnte dir gelegentlich einige zeigen.

[97] Zur Funktion keltischer, germanischer, römischer und griechischer Priester/Priesterinnen vgl. G. Dumézil, J. Markale, H. P. Hasenfratz, R. Simek, S. u. P. Botheroyd, W. Burkert u. a.

[98] Robert Pogue Harrison: Wälder, Hanser, München 1992; Simon Schama: Der Traum von der Wildnis, Kindler, Berlin 1996.

[99] Günter Eich: Ende des Sommers, Gedichte. Bibl. Suhrkamp, Frankfurt a. M. 1981.

Die **SCHAFFHAUSER** sind, wie der Name sagt, ein arbeitsames Völkchen, typisch, ich baue da auf meine eigenen Typologien, für Grenzlandbewohner. Sie müssen es denen beweisen, jenen natürlich auch. Mit dem Munot[100] schützten sie sich gegen beiderlei Begehrlichkeiten. Schön ist es dort im Park unter den Bäumen und schauerlich im Schutz der mächtigen Festungsgewölbe, wo die ganze Stadt zitternd Platz hatte, während die Schützen in den fallenden Gangrippen lagen und gelegentlich auch fielen. Der Rhein schützte, der Munot schützte, die Schützen schützten, gegen Norden war es schwieriger, dort liegen die Toten, Kenner sagen: ein Bijou, obwohl mir nicht einleuchtet, was ein Waldfriedhof mit Juwelen zu tun haben sollte. | Schützen haben ja vielerorts und manchenfelds eine intensive Rolle bei Befriedungen gespielt. Ich finde es jedenfalls beruhigend, wenn ich auf schützende Schützen zählen darf, vor allem die Gegenwart eines Scharfschützen würde meine beständigen Ängste besänftigen. Ich würde allerdings wissen wollen, wie scharf er wäre und ob er wüsste, dass ich sein Schutzsubjekt bin. Es ist ja leider schon manch einer verwechselt worden. Auch wäre wahrscheinlich zu fragen, ob so einer mehr rechts oder mehr links schützt, oder gar neutral, dann würde er womöglich nur sich selbst schützen, obwohl ich mich zufrieden in seinem Schutz wöge. So gesehen wären singende oder zechende Schützen am harmlosesten, am besten singzechende, denn bei beidem halten sie, wie ich gehört habe, ihre Waffe nicht in der Hand, sondern für ihre Braut[101], singen Liebeswaffen-Lieder, prosten sich auf ihre Waffenlieben zu und sitzen dabei lieber, als dass sie liegen. Bei solchen wäre ich weder schützen- noch schutzlos und doch unbedroht. | Ich habe sie gefunden, in Stein am Rhein. Dort haben die Schützen sogar eine *Schützenlinde*, auf die sie aber nicht schiessen, ich habe ausser den üblichen Wurmlöchern keine entdeckt. Es sei denn, sie hätten mit magischen Freikugeln geschossen, was ich nicht ganz ausschliesse, hat doch in der Albschlucht[102] des nahen Waldshut seinerzeit der Freischütz um solche Kugeln mit dem Teufel angebandelt, andererseits glaube ich nun wieder dem Teufel rein gar nichts, jedenfalls nicht diesem, dann schon eher dem alten Pan[103], obschon ich dem ja auch nichts abnehme, mögen mir noch so viele Bocksfährten begegnen. Da halte ich es doch lieber mit dem alten Augustinus, der da sagte: *Damit Götter seien, wurde der Mensch geschaffen,* möglicherweise sagte er es auch etwas anders, aber über mein Gedächtnis rede ich nicht gern. | Den Steiner Schützen haftet etwas Besonderes an, seit ich es ihnen angeheftet habe. Sie haben sich um 1650 im Riet ein sogar kunstgeschichtlich bedeutsames Schützenhaus bauen lassen, mit einer Trinkstube im Oberstock. Inzwischen sieht das erhelblich anders aus, aber da habe ich trotzdem meine schützenden Zechschützen gefunden. Und draussen vor der Tür haben sie ihre Schützenlinde hinterlassen, von der berichtet wird, was sich unter ihrem schützenden Blätterdach abspielte: *Fröhlicher Wettstreit, Tanz, Spiel,* und dazu gehörte nach mir bekanntem Brauch Gesang, und da hatte ich auch meine Singschützen gefunden. Stein ist also der Ort der vereinten Sing- und Zechschützen, das hatte ich nicht erwartet. Noch weniger eine solche Linde, 1726 auf der Karte des St. Georgenamtes eingetragen, ein die Örtlichkeit wohl längst markierender Baum, *in deren Geäst ein Holzboden für die Teilnehmer des Abendtrunks eingebaut war*[104]. Wie müssen die erst den Mond besungen und beprostet haben, ich wäre gerne dabei gewesen, allerdings hätte ich mir mindestens eine Schützin dazu ausbedungen, oder heisst es in diesem Fall Schützerin? | Selten, aber immer wieder stosse ich auf Denkwür-

[100] Bollwerk, Wahrzeichen der Stadt, vollendet 1584. Name wahrscheinlich von Unôt = ohne Not oder lateinisch munitio = Schanze.

[101] Redensartlich: Das Gewehr ist die Braut des Schützen, Jägers.

[102] Carl Maria von Weber: Der Freischütz. Bei der Wolfsschluchtszene, wo der Freischütz mit dem Teufel die Freikugeln aushandelt, habe Weber die wilde Albschlucht vor Augen gehabt, die er persönlich kannte.

[103] Griechisch-arkadischer Hirten- und Waldgott, phallischer Gott mit Bockshörnern und -beinen. Die Götter nannten ihn Pan (alles), weil alle an ihm Freude hatten, später wurde Pan auch mit dem Weltall gleichgesetzt. Pan erfand auf der Suche nach der Nymphe Syrinx die Panflöte. Wer ihn beim Mittagsschlaf störte, den schlug er mit panischem Schrecken. Karl Kerényi: Die Mythologie der Griechen I.

[104] Die Kunstdenkmäler des Kantons Schaffhausen, Bd. II, Birkhäuser, Basel 1958.

Doppelseite 94/95: Die «Schützenlinde» in Stein am Rhein, eine Sommerlinde (Höhe: 18 Meter, Umfang: 470 Zentimeter, Alter: geschätzt 350 Jahre) ist wahrscheinlich die letzte «zerlegte Linde» der Schweiz und damit eine ausserordentliche Seltenheit. Im Dorf oder in Dorfnähe stehenden Linden wurden im Mittelalter die Äste in die Waagrechte gebunden, um bequemer Lindenblüten ernten oder den für das Aufbinden der Reben wichtigen Bast von jungen Trieben abziehen zu können. Mit 100 Jahren und mehr waren die untersten Äste solcher Linden stark genug, um Bretter darüber legen und Lauben oder Tanzböden bauen zu können. Als Tanzlinde ist die seit 1967 geschützte «Schützenlinde» nicht bezeugt, wohl aber bestand eine Laube, in welcher die Schützen im Sommer ihren abendlichen Trunk einnahmen.

diges, das Merkwürdige liegt ja eher zuhauf herum. Dieser Linde habe ich die Würde des Denkens lange angedeihen lassen. Ist sie eine *zerlegte Linde* oder ist sie keine? Gedacht habe ich etwa so: In Deutschland gibt es eine Reihe von Dorf-Linden, die chronikalisch als «zerlegt» bezeichnet werden, die «Murtenlinde» in Freiburg wird 1688 und 1701 als «zerlegter Lindenbaum» erwähnt; diese Linden haben samt und sonders die gleiche Form: Ihre untersten Äste sind wie mächtige, waagrechte, gewissermassen zerlegte Balken, oft wiederholt sich das auf der zweiten Ast-Etage, manchmal sogar auf der dritten, weshalb solche Linden auch «Stufenlinden» heissen. Die meisten – ausser der in Stein – stehen mitten im Dorf. Dann, zu bestimmten Festtagen, ziehen Musikanten und Volk hinauf in den Baum, und droben wird musiziert, getanzt, gesungen und getrunken, früher zum leidenden Wesen der Eltern, denen die lindenheilige Blätterfülle das Treiben des Nachwuchses entzog, heute nützen sie die günstige Gelegenheit selbst, und der Pfarrer ist froh, dass auch er nicht mehr alles sieht. Solche Linden heissen «Tanzlinden». Frankreich hat sich übrigens auch in dieser Beziehung als sozusagen verfeinerte Nation erwiesen, im Bois de Boulogne gab es ganze Restaurants in Bäumen, «chambres separées» eingeschlossen, der Champagner floss über den Stamm zu den Wurzeln hinab, wie einst die Römer Wein an ihre verehrten Platanen gossen, und mir fällt Gauguins Frage an die Maler des Nabis-Kreises ein: *Wie sehen Sie diesen Baum?* Und seine Antwort: *Fürchten Sie nicht, ihn so blau wie möglich zu machen!* | Zu den Ur-Gründen der Erscheinungen stosse ich eher selten vor, anderen gelingt das tröstlicherweise auch nicht oft. Diesmal aber lasse ich Einwände nicht gelten: Bast- und Teegewinnung waren der Anfang der Lindenzerlegung; Bast von jungen Lindentrieben zum Festbinden von Rebstöcken und anderem, Lindenblüten für die Gesundheit, beides war auf solchen in praktische Form gezogenen Linden mit Leitern leicht zu holen, der Tanzbaum war die logische Konsequenz, was nicht heisst, dass das Fällen einer Linde des Blattfalls wegen auch eine logische Konsequenz ist, es ist nur die Konsequenz des gesunden Menschenverstands, aber ich will mich ja nicht wiederholen. So hoffe ich, dir hinreichend erklärt zu haben, wie man eine Linde zerlegt, ohne ihr etwas anzutun, und bewiesen zu haben, dass die Steiner «Schützenlinde» und die «Murtenlinde» tatsächlich zerlegte Linden sind oder waren. Vielleicht hat man Linden ja nicht nur wegen des Holzes für Altäre und Heiligenfiguren zum *heiligen Holz*, zum Lignum sanctum, erhoben, sondern auch wegen des Glücks, manche Paradiese schon auf Erden zu finden, aber da wird man mir gewiss wieder dreinreden, aber die Beweise schuldig bleiben. | Zur Linde als Freyjas oder Friggs germanen-mythischem Baum will ich mich nicht äussern, da ja die Linde einmal der Gemeinschaft, dann dem Fest, dann, welch schönes Wort: der Entscheidungsfindung, oder dem Gericht diente, da wurden dann nicht nur die lieblichen «Blumengöttinnen» gerufen, die sie sowieso nicht waren, aber davon erzähl ich dir anderswo unter Linden. Vielleicht werde ich doch nach Stein ziehen. Diese Linde hat es mir angetan, obwohl *ich* ihr bis heute nichts angetan habe.

Es tut mir leid, aber *ich* identifiziere **ST. GALLEN** nicht mit Bratwürsten, schon gar nicht mit diesen Schüblingen, die man mir unaufgefordert zuschiebt, wenn bei uns der heilige Albani[105] auf Rosten tausendfach geschmort wird. Es sind dann schon genügend Schüblinge unterwegs, die mich, der ich vor meinem Glas stehen bleiben will, von Stand zu Stand verschieben. Nach St. Gallen reise ich meist des Klosters wegen, und vor diesem, vor allem aber in diesem, angesichts dieser filigranen Rocaillen unter Zartgrün und Altrosa, erschiene mir so ein Schübling doch als unangemessene Anspielung auf die drallen Schenkel der lustig an den Fenstern herumflatternden Puti, in deren Angesicht mir schon ein einziger Biss in einen Schübling als Ausdruck ungehemmten Kannibalismus verwehrt wäre. Ich ziehe daher auf dem Gang zum Kloster, das zumindest ein geistig weites Feld ist, eine symbolische Lilie vor. Sofern gerade eine blüht. | Gott ist bekanntlich gross, aber weisst du auch, *wie* gross er ist? Mehr als 1200 Jahre ist er hier schon, freilich erst ein knappes Drittel der Dauer der griechischen Hamadryaden[106] in den Bäumen der Dione[107] und des Zeus, aber auch ein Jahrtausend ist schon eine rechte Ewigkeit, ich wollte sie nicht durchgemacht haben, nicht diese, die vorige zwar auch nicht, eigentlich überhaupt keine. Mich schreckt auch der Gedanke der Reinkarnation, so rein sie auch sein mag, mir genügt eine Fleischzeit, zumal sie ja immer gefährlicher wird, und wenn schon, dann bitte nicht schon wieder als Aristoteles wie Namensvetter Rudolf[108], auch auf Napoleon möchte ich verzichten, so viele als derselbe, welch ein Gedränge wäre das unter meiner Haut, ich wüsste ja nicht einmal, woher dieses Kribbeln käme, niemand wüsste es, den Ärzten, die ich in meiner Ahnungslosigkeit bemühte, würde ich zum Rätsel, ihre Forschergier zu meiner Odyssee, nein, wenn schon, dann wäre es mein Wunsch, in unauffälliger Zurückgezogenheit reexistieren zu dürfen, etwa als Karl Bändler, Hilfsbuchhalter, Geissensteig 2, 8308 Agasul. | Verzeih, meist überfällt es mich in diesen spirituellen Räumen, obwohl mir gerade St. Gallen auch einen sozusagen bäumigen Ausgleich bietet. Gallus hat ja damals auf seiner Wanderung hierher weit mehr Bäume gesehen als Bäume verehrende Altgläubige, die Neigung ist vielleicht auf ihn übergegangen. Denn im Gründungsplan des Klosters ist, mitten im Kreuzgang, ein Wacholder eingezeichnet, ein immergrünes Gewächs, Arbor vitae, Lebensbaum[109], als der war er aber schon heidenheilig. Wacholder, aus dem die Litauer noch im 18. Jahrhundert ihre Jagdhörner herstellten. Vielleicht hat auch das mitgeschwungen, immerhin war der hohe Klerus auf der Jagd zuweilen erheblich überzeugender als bei der Pflege seiner Herde. Das zu vermuten scheint mir hier aber doch abwegig, zumal Gallus von Litauern nichts wusste. Die Jungfrau hingegen ist, es wurde mir glaubwürdig versichert, hier nicht im Wacholder erschienen wie im Holunder von Kloster Neuburg, das einer solchen Erscheinung seine Gründung verdankt. Hingegen scheint das St. Galler Kloster schon in den Anfängen ein Hort der Obstzucht gewesen zu sein, ich will ja nicht von einer Suche nach den Äpfeln der Hesperiden reden, die wurden erst 500 Jahre später auf den Wänden der kirchenfürstlichen Schlösser wieder interessant, aber Äpfel gehörten zum Klosterzuchtgut[110]. Eine Übernahme aus der Truhe der Germanengöttin Idun, deren Äpfel ewige Jugend verliehen, möchte ich immerhin

[105] Albanifest: Hauptfest der Stadt Winterthur, grösstes Stadtfest der Schweiz. Erinnert an den Rechtsbrief Rudolfs von Habsburg von 1264, worin die bürgerlichen und persönlichen Freiheiten gewährt wurden.

[106] Die Griechen schätzten ihre Lebensdauer auf zehn Palmenalter, was heissen könnte, auf etwa 3000 Jahre, weshalb ihnen auch die Eichen als unsterblich galten.

[107] Gattin des Zeus, mit ihm in Dodona (das älteste Heiligtum der Griechen) als Quellgottheit (unter Eichen?) verehrt. Nach anderer Version eine Titanin, Tochter von Gaia und Uranos. Nach Homer eine Okeanide. In 4. Version die weibliche Form des Zeus-Namens (Dios). In 5. Version eine ursprünglich kleinasiatische Hochgöttin in Dodona, bevor Zeus inthronisiert wurde und zuerst mit ihr gemeinsam herrschte. Karl Kerényi: Die Mythologie der Griechen I.

[108] Rudolf Steiner hielt sich für eine Reinkarnation des griechischen Philosophen Aristoteles.

[109] Hans Rudolf Sennhauser: St. Galler Klosterplan und Gozbertbau, vdt Hochschulverlag der ETHZ 2001 sowie mündliche Mitteilung. Es handelt sich um einen Sade-, Seven- oder Sefibaum (Juniperus sabina, Stinkwacholder), dessen Bedeutung an dieser prominenten Stelle bis heute nicht klar ist.

[110] Verena und Markus Füllemann, Alex Bänninger: Faites vos Pommes, Benteli, Wabern-Bern 1997.

nicht ausschliessen, die Künder der neuen Lehre haben ja vieles aus den alten Lehren übernommen, du ahnst gar nicht wie viel. Die St. Galler Mönche müssen zumindest hervorragende Apfelsortenzüchter gewesen sein. Auch ihre Bibliothek hätte ich gerne, jedenfalls den Raum und einige der illuminierten Bände, aber das ist ja heute unbezahlbar, jede Börse liesse sich lieber zusammenbrechen als die zu kotieren, ausser die Japaner blätterten, wieder einmal, Millionen Dollar hin, oder ein Amerikaner liesse so ein Kloster zusammenpacken, meist als Ganzes, und baute es als private Whiskeybar wieder auf. Ich bitte dich! Kultur ist nun wirklich nicht handelbar, ausser dort natürlich, wo sie gehandelt wird. Ich handle auch, gehe aber in mich, mindestens dann, wenn ich nicht ausser mir bin. Aber so eine Bibliothek könnte mich schon verführen, anderes natürlich auch, aber speziell eine, in der, womöglich in Gold auf Silber, die berühmte Äusserung steht *Ich bin, der ich sein werde,* was, rückblickend, als «Ich bin, zu dem ihr mich machen werdet» zu deuten wäre; die Uitoto-Indianer nahmen es direkter: *Im Anfang gab das Wort dem Vater den Ursprung*[111], diese Uitoto waren ja berüchtigt für ihren Realitätssinn. | Ich habe wirklich Gefallen an St. Gallen und seinem Kloster. Gehe ich nicht dorthin, so gehe ich nach *Magdenau.* Dort ist auch ein Kloster, ein Frauenkonvent, zisterziensisch, ein Orden, der sich schlicht und zurück hält, keine eindrückenden Bauten, wenig Geschmücke, statt himmelstürmender Türme ein Dachreiterchen. Die Nonnen haben eine *Gerichtslinde* im Hof, was freilich nicht heisst, dass hier die klösterlichen Mittags- oder Abendgerichte serviert werden. Eine Gerichtslinde ist, wie der Trunser Ahorn, ein Rechtsaltertum, ein Baum, unter dem mit Hilfe einer im Baum anwesenden Gottheit über Schuld und Unschuld entschieden, Rat für bevorstehende Unternehmungen, für künftige Handlungen eingeholt oder die Ursache einer Missernte erfragt wird, wofür sich die Gottheit zu gewissen Zeichen herbeilässt wie Rauschen oder Fallen der Blätter, auch Stöhnen und Knarren des Stammes wurde akzeptiert, wozu ich mir zumindest starken Wind vorstelle, wenn nicht gar Sturm. Beliebt war auch das Baum-Orakel, das, je nach Heiligtum und lokaler Tradition, aus zeichenbedeckten Blättern, Losen oder blind geworfenen Staben gedeutet wurde. Deuten konnte natürlich nicht irgendwer und der, meistens aber die, nicht irgendwie, und schon gar nicht alle zusammen, sonst hätte es mit dem Deuteln kein Ende gehabt, was einem vor kurzem ja auch fast die Basisdemokratie verleidet hätte. Deshalb setzte, der Mythe nach, Apollo in Delphi die Orakelpriesterin Pythia ein, die aber schon vorher als Drache oder Schlange, zuerst weiblich, später männlich, das Heiligtum gehütet habe, bevor Apollo sie oder ihn tötete, was du freilich auch als Ereignis einer unfreundlichen Übernahme des Heiligtums deuten kannst[112]. Mich schockiert an den Mythen oft nicht, was sie erzählen, vielmehr, was sie verbergen. Ich kann es ja verstehen, dass unsere modernen Geheimnisentdecker, die Geheimnisentdeckerinnen fast noch mehr, aus jeder Mythenfigur ein entrücktes seelengesundheits- und welterrettendes Blütenmädchen machen, das uns unverdrossen den Trost der Bäume zuspricht. Manchmal sind es zwar Pflaumenbäume[113], eigentlich immer öfter. | Kelten und Germanen will ich nicht vergessen. Sie sind inzwischen zwar esoterisch so weiter entwickelt worden, dass ich sie für Alpha-Centaurier[114] halte. Die Magdenauer Gerichtslinde ist aber wohl ein echt germanisches Relikt, vielleicht der fünfte oder siebente heilige Baum einer Naturreligion an diesem Ort, weswegen das Kloster vermutlich hier steht und der Baum gar nicht mehr sein sollte. Immerhin hat es zwischen dem 5. und dem 9. Jahrhundert unzweideutige Befehle an nicht weniger, eher mehr als sieben Synoden und Konzilen[115] gegeben, dass solche Heiligtümer von Ungläubigen brennen oder fallen sollen, am

[111] Alfred Bertholet: Wortanklang und Volksetymologie, o. O. 1940.

[112] Karl Kerényi: Mythologie der Griechen I; W. Burkert: Kulte des Altertums.

[113] Bertolt Brecht: Nach dem Grauen des Nazireichs könne man keine schöngeistigen Gespräche unter Pflaumenbäumen mehr führen.

[114] Alpha Centauri: Hellster Stern im Sternbild Kentaur, dritthellster der Fixsterne. Entfernung ungefähr vier Lichtjahre. (Ob die Erbauer der Pyramiden oder der Erd-Linien [Scharrbilder] der kolumbianischen Nazca-Kultur von dort kamen, wird seit langem von Ufologen erforscht.)

[115] Verena Eggmann, Bernd Steiner: Baumzeit, Werd Verlag, Zürich 1995.

besten beides, was mich an eine gewisse, wenn auch inzwischen entfernte Verwandtschaft mit den Taliban erinnert. Ich hätte aber, wäre ich Heide, noch heute eine Heidenangst vor so einer Linde, als Christ mindestens versucherische Träume. Im spanischen Santo Domingo wollte der Bruder Mediator nichts davon wissen, dass mit seinem Kloster ein heidnischer Zypressenhain neu besetzt worden wäre, in Disentis[116] habe ich wegen der ohnehin verschwundenen Gerichtslinde nicht nachgefragt, in Magdenau jedoch sprechen die Nonnen so liebevoll von der Linde, dass mir die Linden-Christianisierung gelungen scheint. Fetische jedenfalls habe ich, anders als in Frankreich oder Irland oder Italien, nirgends entdeckt, es wäre denn, es hätte jemand eine heimliche Nachbildung der Linde, behängt mit Fetischen und Amuletten, in jenem Schrank, der meist in einer schlecht beleuchteten Ecke des Estrichs steht. | Ich habe freilich nicht erwartet, dass die Linde in der Klostergeschichte als Ort des Gerichts genannt würde, dort steht denn auch bloss, die Tagungen hätten *vor dem closter, usserthalb dem closter* oder *im Hofe vor dem Kloster,* ab 1462 *vor dem tore* und ab 1491 *im gasthus ze Maggenow*[117] stattgefunden, woraus zu schliessen ist, dass das Gericht seit der Klosterweihe von 1278 fast 200 Jahre lang meist unter der Linde stattgefunden haben dürfte. Auf Hinweise zu Kloster- und Kirchengründungen an Orten heidnischer Bäume oder Haine wirst du in Europa selten stossen, sie wurden nach der Missionszeit in den Kirchen-Annalen getilgt. Staunenswert aber, wie sich in Magdenau Zeiten und Namen heimlich verschworen haben: eine germanische Gerichtslinde, die keltische Werena als christliche Verena samt Pfarrkirche, und in den Zinsbestimmungen der heilige Vitus, der einst als viergestaltiger slawischer Kriegs- und Ackerbaugott namens *Sventovit* umging. Aus dem *svent* wurde im Zuge der Christianisierung das slawische Wort für heilig und aus dem so vereinsamten *vit* entsprang ein neuer Heiliger, Vitus. *Wer Worte spricht, setzt Mächte in Bewegung*[118]. Ich habe daran entlang gedacht und mir sind ganze Bewegungen, Paraden, Sammlungen, Kongresse und Aufläufe entgegengekommen. Ich gestehe, ich war sehr angetan und übe jetzt. Ich solle eingängige Worte benützen, hat mir einer geraten, einfache, womöglich sehr einfache. Und Störendes meiden. Bäume oder Wälder beispielsweise seien kein Thema. Ausser sie lägen weit weg.

Lebende Rechts- oder Gerichtsbäume, deren Funktionsname auf vorchristliche Zeit zurückgeht, gibt es in der Schweiz – im Gegensatz zu anderen europäischen Ländern – faktisch nicht mehr. Mit zwei Ausnahmen: die Linde von Scharans in Graubünden, unter der vom 14. Jahrhundert an Gemeindeversammlungen bezeugt sind; und die «Gerichtslinde» im Hof des Klosters Magdenau im Kanton St. Gallen. Diese Sommerlinde (Tilia platyphyllos), kaum älter als 150 Jahre, sicher aber ein Nachfolgebaum alter Rechtslinden an diesem Ort, trägt ihren Funktionsnamen heute noch, obwohl sich die Chronik des Klosters nur verschleiert dazu äussert. Dies jedoch entspricht kirchlicher Usanz, die Erinnerung an heidnische Heiligtümer am Ort der Kirch- oder Klostergründung in den Annalen bei Gelegenheit zu tilgen.

[116] Karl Biedermann: Was en Chorb chostet im Klettgi usse, Gemssteg Verlag 1994.
[117] Geschichte des Klosters Magdenau.
[118] Alfred Bertholet: Wortanklang und Volksetymologie, o. O. 1940.

VERENA KIRCHE
WANDERWEGE

SOLOTHURN ist mir lieb und wert, obwohl ich mit den Ambassadoren nichts am Hut habe, an den Schuhen übrigens auch nicht. Ich weigere mich standhaft, Krieger mit Botschaftern zu verwechseln, nur weil sie kostbare Tapisserien an ihre Wände hängten und gewählt französisch sprachen. Doch Solothurn ist mir lieb. Die Stadt wegen der halbitalienischen St.-Ursen-Kathedrale oder wegen derer Lage als Bollwerk auf einem Bollwerk oder weil in beidem die alte und praktische Liaison von Thron und Altar so schön zu sehen ist, genau erklären kann ich dieses Zusammenschiessen – welch ein Wort! – in meinem Kopf auch nicht, vielleicht ist es eine Erklärung für das Pragmatische. Und das solothurnische Land ist mir wert, weil dort einer wohnt[119], der nicht aufhört, sich den Schreibstuhl unbequem zu richten, einer, der immer zur falschen Zeit und über falsche Anständigkeiten redet, der nie Bäume oder Wälder erwähnt, jedenfalls nie so, dass er davon spräche, und der damit doch ständig über beide spricht. Ich habe herausgefunden, dass er jenseits der Linie steht, die das mühsam Zivilisierte vom Kultivierten trennt, wobei ich mir nicht sicher bin, ob ich schon auf seiner Seite stehe, ich kenne meine Rückfälle. Freilich, gegen die Macht der Volksverbundenen wären wir beide nicht versichert, da ständen wohl bald die Feigenanzeiger[120] in schöner Eintracht vor unserem Haus, ich kann mir nicht helfen, ich traue diesen Trachtenvereinen nicht. Vielleicht wäre der Schutz magischer Eiben vor dem Haus hilfreich, doch daran müsste ich früh denken, dieser Baum wächst bedenklich langsam, und vielleicht wüssten jene, die nach mir trachteten, gar nicht, dass er mich schützte. Vielleicht haben die Staal oder die Wallier oder dann die Vigier an solchen Schutz gedacht, als sie die Eiben vor ihrem Solothurner Sommerhaus wachsen liessen? | *Komm in den totgesagten park und schau!*[121] – ich habe diesen Vers erst begriffen, als auch die *Moderne* totgesagt und in einem geradezu druidischen Wortwettbewerb die *Postmoderne* geboren wurde. Ich gestehe es ungern, ich habe bei den Bäumen Rat gesucht, doch die angefragte Eiche, die um 1500 bei der Geburt des Wortes *modern* dabei war, liess nur schweigend einen Ast fallen, der mich knapp verfehlte. Ich habe den Wink verstanden und das Wort in den einzig zutreffenden Bereich verwiesen, den der Post, denn die bisher berühmtesten Totgesagten wie Dichtung, Geschichte und Gott, erlebe ich in alter Frische, wiewohl, hygienisch gesehen, so Altes kaum noch frisch sein kann. Man sollte aber Todesdiagnosen und Ablaufdaten wirklich den Ärzten und Chemikern überlassen, sie haben es ohnehin schwer genug. | «Schau!» – der Ruf des Dichters, der natürlich weiss, wie ungern ich die äusseren oder gar die inneren Augen öffne, hat mich endlich für das Totgesagte sehend gemacht. Und statt der Undinge, die ich bei geöffneten Augen stets zu sehen fürchte, sah ich Ungemeines im mauerumgürteten Park der Vigier, nämlich ein grün geballtes, in mächtigen Türmen himmelwärts strebendes Gesamtkunstwerk von 300-jährigen Eiben. Ich habe nicht versucht zu zählen, wie viele Generationen von Gärtnern wie viele Generationen von Gartenscheren an diesen Getümen von Eibenkegeln stumpf geschnitten haben, um sie in orthodox französischer Gartenbauform zu halten – eine kulthafte Nötigung jedenfalls, die einem gewisse Bäume damit danken, dass sie neue Triebe umso ungestümer hervortreiben. Die Solothurner Eibenplastiken sind zwar nicht so weitläufig angelegt wie in Vaux-le-Vicomte oder wie die vier Meter hohen Eibenmauern in Forqualquier, auch nicht

Doppelseite 102/103: Die Eiben (Taxus baccata) im Park des Solothurner Vigier-Gutes sind ein herausragendes Beispiel in der Manier französischer Renaissance-Gärten beschnittener Bäume. Nur Eiben, Buchs und in geringerem Masse die Hain- oder Hagebuche erlauben mit ihrer vegetativen Kraft artistische Erscheinungen dieser Art. Der europäische «Bonsai», liesse sich sagen, behält bei aller Beschneidung die Wucht seiner natürlichen Erscheinung. Das Solothurner Gut war 1616 von Hans Jakob vom Staal angelegt worden, geht 1648 an die Wallier, die es nach französischem Vorbild ausbauen, 1669 an die Vigier, die es noch heute besitzen. Wann der Garten mit den Eiben angelegt wurde, ist nicht deutlich, möglicherweise schon unter den in französischen Kriegsdiensten stehenden Walliern. Es ist jedoch davon auszugehen, dass diese beschnittenen Eiben über 300 Jahre alt sind und damit zu den ältesten Park-Eiben Europas gehören.

[119] Peter Bichsel, Schriftsteller.

[120] Sykophanten = Feigenanzeiger: Wer im alten Athen verbotenerweise Feigen exportierte, konnte von jedermann angezeigt werden, Anwälte gab es nicht. Erfolgreiche Klagen wurden belohnt, woraus sich ein gewerbsmässiges Denunziantentum entwickelte.

[121] Stefan George (1868–1933), deutscher Dichter: Herbstgedicht.

Die andere Seite der Eiben.

so zahlreich wie in Painswick, dafür ziehen sie den Raum zusammen auf einen Punkt und lassen ihn dort himmelwärts aufsteigen. Die Vigier-Eiben haben mich überwältigt, obwohl man mich ja nur noch selten überwältigen kann, seit ich mir in einer fernöstlichen Kampfsportart, ich glaube sie hiess Mitsubishi, den rosaroten Gürtel erwarb. Ich verneigte mich und verfiel nachhaltig der Betrachtung angeblich toter Geschichte. | Mit Eiben habe ich mich nicht einfach beschäftigt, sondern gleich mehrfach, sogar familiär. Bei Hugenotten beispielsweise glaubte ich mich auszukennen, seit ich wusste, dass Grossmutters Name Autenrieth keineswegs ein deutscher Name war, es verlieh mir geradezu einen Anstrich von Weltläufigkeit, aber so ein Anstrich ist bekanntlich bloss teuer, blättert aber rasch ab. Und so läufig ist meine Welt nun auch wieder nicht, eher statisch, etwa wie Eiben, in deren Schutz sich die Calvinisten in der Gegend von Toulouse, Moissac, Albi und Bordeaux nächtens versammelten und deren Geister, die Eibengeister natürlich, dortselbst Huguenots geheissen haben sollen, worauf deren Name auf die Calvinisten übergangen wäre, woraus ich schliesse, dass die Bezeichnung Hugenotten als Verballhornung von Eidgenossen nicht mehr als eine Hypothese ist. Der alte Eibenschutz aus gallischen Zeiten scheint freilich nicht mehr gewirkt zu haben, 1572, in der Nacht des Bartholomäus[122], der einer der 12 Apostel gewesen sein soll, wurden die Hugenotten auf Befehl der katholischen Katharina von Medici zu Tausenden getilgt, man hat ja den Kelch oder den Gral häufig missverstanden; ich habe Katharina, wie vorher schon den Bonifaz, in den Lexika unter Terroristen gesucht, wieder vergeblich, wahrscheinlich gab es das Wort noch nicht. | Der Eiben wegen habe ich auch wieder zu den Epen gegriffen, zum «Wahn des Suibhne»[123], christlich aufgeschrieben, aber altirisch, 7. Jahrhundert. Suibhne war ein König, eigentlich aber mehr ein unfreiwilliger Flieger, hätte gern gewollt, durfte aber nicht am Boden bleiben, während heute, wer am Boden ist, unbedingt in die Luft will, weil dort angeblich die Geschäfte rufen, meist ist es aber nur die Stewardess, die ruft, dass ich hier nicht rauchen soll. Anders Suibhne, verflucht von einem ungebetenen Kirchengründer, der sich, unablässig betend, fremdes Bauland anzueignen pflegte und dessen Psalter Suibhne daher in einen Teich geschleudert hatte; dieser Suibhne musste nun endlos durch die Lüfte fahren, seine einzigen Ruhehäfen waren Eiben oder Eschen, die sakralen Bäume des alten Hybernia[124]. Auf ihnen nur durfte er sich niederlassen, um Kraft zu tanken, *Hubs* der Natur, sozusagen, die sich ihre Ausbauetappen durch munteres Treiben garantierten. | Bei den Inselkelten und leider nur dort, obwohl anderes behauptet wird, galt die Schutzkraft der Eiben für absolut, an Absolutes glaube ich freilich, mit einer Ausnahme, aus Prinzip nicht, es häutet sich mir zu oft. Aber die Mythen auf den Inseln sagen es: Wer verfolgt wurde oder wessen Schlachtenunglück sich nicht wenden wollte, war unter Eiben jedem Zugriff oder Dreinschlag entzogen, selbst Kriege standen still. Gewiss, Eiben waren der Keim der Asylidee, auch wenn man das jetzt als christlichen Gedanken ausgibt, weil die eifrigen irischen Neubekehrten das Asylium in die Kirche verlegten, wo zwischen Altären der Dolch mit dem Eibengriff genau so gezückt, der Kelch mit dem Eibengift gleichermassen gereicht wurde wie in dunklen Gassen und samtausgeschlagenen Alkoven. Der Tod ist absolut, überall, und die giftige, dunkelgrüne, *heliophage*[125] Eibe kann ich unbekümmert jeder lokalen Unterweltsgottheit zuordnen, den nationalen natürlich auch. Über das Analogiedenken geht das leicht: Was dunkel und tödlich ist, gehört zur Todesgöttin; und ist leicht zu widerlegen: Der Walfisch ist kein Fisch, und was Gift ist, heilt auch. Doch wenn es denn so gewesen wäre mit dem Asyl von Eibe oder Kirche, ich hätte vieles andere hingegeben, dieses nicht. |

[122] «Bartolomäusnacht» oder «Pariser Bluthochzeit». In dieser Nacht liess Katharina von Medici, Gattin Heinrichs II., die Hugenotten ermorden, es sollen 3000 bis 4000 Tote gewesen sein.

[123] König der Bäume (Buile Suibhne, der Wahn des Suibhne), altirisches Epos, Dianus Trikont 1985.

[124] Alter Name für Irland, abgeleitet vom keltischen Stamm der Hibernier; vgl. Iberia für Spanien.

[125] Heliophag = lichtessend; Papillen an der Unterseite der Eibennadeln reflektieren das Licht intern, «schlucken» es, weshalb Eibenwälder sehr dunkel sind. Ernst Zürcher: Die Eibe im Mythos und in der Volkskunde, in: Schweiz. Zeitschrift für Forstwesen 5/1998.

Die Eibe ist ein heiterer Baum, jedenfalls für Hildegard von Bingen[126], übrigens eine echte Mystikerin und keine Nebelbildung im Reich der neuen Schamanen, denen sie gewiss auch mit ihrem politischen Willen gezeigt hätte, dass die Welt nicht mit Baumgeistern zu heilen ist, die schmeicheln höchstens der einsamen Seele. Das Mittelalter nach Hildegard hat der Eibe gar unterschoben, eine perfide Meuchlerin zu sein, wer unter ihr einschlafe, sei des Todes, und wieder einmal habe ich mich nach dem Hintergründigen, gar nach dem Untergründigen erkundigt. Wer legt sich hin und stirbt am Gift der Eibe? Schwangere. Eibengift in der Hand kundiger Kräuterfrauen war im Mittelalter ein sicheres Abtreibungsmittel. Als die Religiösen den Kräuterfrauen, zugunsten der Ärzte, wie es hiess: «das Handwerk legten», legten sich Europas Frauen bei unkundigen Eiben-Quacksalbern zum Sterben, zu Tausenden, keineswegs freiwillig, aber es gab nun, wie es hiess, keine Abtreibung mehr. Wer unter Eiben einschläft, erwacht nicht mehr. Eine sanfte Metapher für das Sterben der Frauen? Oder eine drohende, um ihnen das Abtreiben auszutreiben? Oder fasst der Merkspruch eine vorchristliche Erfahrung zusammen, deren Ursache jüngst ein deutscher Arzt entdeckte: An warmen Tagen sondern Eiben ein gasförmiges Toxin ab, das Halluzinationen auszulösen vermag. Ich habe mich gefragt: Welche Halluzinationen, warte aber noch immer auf Antwort. | Eiben waren die heiligsten Bäume der Insel- wie der kontinentalen Kelten und der Nordgermanen, womit ich darauf hinweisen möchte, dass auch Germanisches nicht überall gleich gültig war[127]. Möglicherweise waren Eiben schon Götterbäume der Megalithiker, die die Kelten für ihre mythischen Vorfahren hielten und ihnen Namen gaben, woraus Neu-Arier bereits bare Münzen schmieden, weshalb die geltenden Kulturstufen wahrscheinlich umbenannt werden müssen. Ich habe solche Münzen wieder zurückgegeben, sie hatten nicht die richtige Prägung. Richtig ist jedoch, dass archäologische Funde auf rituelle Eibenalleen neben grossen astronomischen Steinsetzungen hinweisen und Orte wie Ibach, Iberg, Yverdon unmittelbar von diesen alten Baumgenossen abgeleitet sind. Wusstest du, dass auch York von einem Eibenkult stammt und New York eine Eibe im Wappen trägt[128]? Ich auch nicht. Aber sich selbst konnte dieser Schutzbaum nicht schützen, war zu wichtig als Waffenholz und «Ötzi» der bisher letzte Beweis. Die Eibenwälder gingen weg wie warme Semmeln und staken hernach in warmen Körpern, denn der Mensch ist ein warmherziges Wesen, jedenfalls ein Warmblüter. Jetzt geht der amerikanische Eibenrest weg für Krebstherapien, obwohl ein synthetisches Präparat gefunden ist, nur leider teurer, da kommt man mit echten Eiben billiger weg, und Bäume gibt es ja noch viele, jedenfalls andere. Manche sagen, ohne die französische Gartenbaukunst hätte die Eibe sowieso nicht überlebt. Dann ist der Solothurner Garten der Vigier auch ein Eiben-Paradies. A propos liegt mir ein Zettelchen vor: Paradies ist persisch für Garten, Eden ist hebräisch für Garten, ich werde nie mehr vom Garten Eden sprechen. Übrigens wird die älteste Eibe Europas auf 5000 Jahre geschätzt, älter als der älteste amerikanische Baum. Endlich kann ich einmal voll Stolz ausrufen: «Isch bin ein Europäerr!»

[126] Benediktinerin, Mystikerin (1098–1179), eine der gebildetsten Frauen ihrer Zeit, von religiösem und politischem Einfluss auf Könige und Päpste. Berühmt auch für ihre naturkundlichen Abhandlungen.

[127] Germanen ist lediglich ein Sammmelname, grenzt die Germanen nach Sprache, Religion, Sitte, Brauch und materieller Kultur gegen die Nachbarvölker (Kelten, Illyrer, Slawen u.a.) ab. In der eigenen Entwicklung stark von den höher entwickelten Kelten beeinflusst. Religiöse Vorstellungen und Götterverehrung waren nicht bei allen Germanen identisch, die Südgermanen kannten z.B. Freyr/Freyia wenig oder gar nicht.

[128] Ernst Zürcher: Die Eibe im Mythos und in der Volkskunde, in: Schweiz. Zeitschrift für Forstwesen 5/1998.

Seit ich an seinen Grenzen wohne, suche ich zum **THURGAU** mein Verhältnis. Lange Zeit blieb es irgendwie verhalten. Wahrscheinlich weil ich das einstige *Most-Indien* nicht mehr fand, dieses Land, das auf keiner Karte des Kolumbus eingetragen war, denn es erhob sich nicht aus dem Meer, sondern aus Fluten von Obst- oder Mostbaumgärten. Ein Eden, blütenweiss im Frühling, gelbrotbraun schimmernd ab August. Wo kein Naturwald war, war hunderttausendstämmiger Obstwald, mit dem sich die Eingeborenen samt ihren Dörfern verhüllten, unsichtbar für jeden mostversessenen Angreifer, bis an die Zähne mit überreifen Birnen und Äpfeln bewaffnet, stolz darauf, der weiteste und dichteste Feldobstgarten Mitteleuropas zu sein, dessen Fahne bis auf die andere Seite des Bodensees zu riechen war. Möglich, dass ein so hinter Bäumen verborgenes Volk als «indisch» angesehen wurde, aber die Thurgauer sind natürlich heute noch keine Inder, sondern Indogermanen wie die meisten hier herum. | Über die Ursachen der Katastrophe, die den Garten Thurgau ab den 1960er Jahren entblätterte und entbaumte, rätseln Bauernverband und Volkstumpartei heute noch, und da ich ein inzwischen verbotenes Verhältnis zum Anblick von Heimat pflege, ist auch jenes mit dem Thurgau sozusagen noch nicht allzu bäumig. Um es jedoch zu verbessern, befahre ich meinen Nachbarkanton derzeit ständig auf der Linie Winterthur – Frauenfeld mit Weide – Kartause Ittingen mit Ulme. Das mag ja ziemlich manisch klingen, aber nur so hat sich mir das Geheimnis enthüllt, das mich zwanghaft auf diese Route trieb: Alle Punkte nämlich liegen auf einer magischen Linie und bilden eine Trias, ja ein Tetragramm. Ich musste zunächst auf die Namen achten: Winter(thur), Frau(enfeld), Weide (Mond), Kartause (Klos), Ulme (Frau). Und so erkannte ich, dass *Frau* geographisch im rechten Winkel zu *Winter* und *Kartause* steht, wobei die Weide dicht bei der Frau und die Ulme am Endpunkt der Linie steht, *Weide* und *Ulme* jedoch durch die *Wasser* der Thur geschieden sind. Was für ein Rätsel, bei allen Göttern, hat uns die Geschichte hier hinterlassen? Ich denke, ich habe es gelöst: Es handelt sich fast zwingend um eine tocharische[129], wahrscheinlich sogar frühtocharische Kraftlinie. Sie drückt mit ihren tetragrammatischen Fixpunkten fast unübersehbar aus, dass die (tocharischen?) Frauen auf dem Marsch aus ihrer Unterdrückung (Winter) waren, in der Mondgöttin (Weide) ihre Helferin verehrten und am Ort der Ulme (in der germanischen Schöpfungsgeschichte wurde ja die Frau aus der Ulme geschaffen!) ihre alte Macht zurückeroberten, weshalb unter der Kartause zwingend ihr altes Heiligtum liegen muss. Auch das Problem der Wasserscheide machte mir keine Schwierigkeiten. Als die christlichen Mönche ihr Patriarchat nach Ittingen brachten, müssen sie die alte Frauenkraft schrecklich gespürt haben, leiteten daher den Fluss einfach um und kappten so die Verbindung zwischen der Mondgöttin und der Ulme als Symbol der (Wieder-)Geburt. Ich war über meinen Fund so verblüfft, dass ich zuerst dachte, die Erscheinungen blufften mich. O nein, es war mein Sensorium für derlei Dinge, das sich mit den Jahren enorm verfeinert hatte, so dass ich heute «Celestine»[130] mühelos ohne den Band mit den Antworten zu entschlüsseln vermag. Ich habe daher vor einigen Tagen für mein Sensorium absoluten Patentschutz beantragt. | Weiden sind hierzulande noch häufig anzutreffen, Kopfweiden, geschneitelte Bizarrerien aus Zeiten der Korbflechter und Besenbinder. Hexenbäume, Denunziantinnen der Inquisitoren, denen ein gewisser Ignazius erklärt hatte, wann weiss zwingend als schwarz zu sehen wäre[131]. Das optische Phänomen des Schwarz- oder auch des Weisssehens zählt zum uralten ungelösten Geheimwissen, man weiss bisher nur, dass es tödlich sein kann. Heute gilt das Auftreten dieses Phänomens als bedauerlich, ich vermute stark, es wurde damals von solchen verwachsenen

[129] Tocharer: 1. Stämme, die um 170 v. Chr. von den Hunnen aus Nordwestchina nach Westen getrieben wurden. 2. Funde mit tocharischer Schrift aus dem 20. Jahrhundert, das Volk, von dem sie stammen, ist mit 1. nicht identisch.

[130] Gemeint sind die «Prophezeiungen von Celestine», ein esoterisch-amerikanisches Buch, das sich wegen seiner inhaltlichen Bescheidenheit über zehn Millionen Mal verkaufte. Über weitere Auswirkungen der Prophezeiungen wurde nichts mehr bekannt.

[131] Ignatius von Loyola (1491–1556), Gründer des Jesuitenordens: «Ich glaube, dass das Weisse, das ich sehe, schwarz ist, wenn die hierarchische Kirche es so bestimmt.»

Doppelseite 108/109: Ausgewachsene Ulmen sind die seltensten Bäume unserer Landschaft geworden. Ein vom Ulmensplintkäfer verschleppter Schlauchpilz hat in ganz Europa nur wenige historische Ulmen übrig gelassen. Die Feldulme (Ulmus minor) im Hof der Kartause Ittingen (Höhe: 25 Meter, Umfang: 390 Zentimeter, Alter: 150 bis 200 Jahre) ist daher nicht nur ästhetisch ein wunderbarer Baum, sondern als fast verschwundene Spezies fast unschätzbar. Ihr Holz gehörte zu den wertvollsten Möbel-, Bau- und Drechslerhölzern. Colbert, Finanzminister Ludwigs XIV., liess im 17. Jahrhundert Ulmen-Alleen pflanzen, um im Bedarfsfall genügend Holz für Kanonen-Lafetten zu haben. In der «Edda» schaffen die Götter aus einer Ulme (embla) die erste Menschenfrau.

Eichen, Linden oder Weiden selbst ausgelöst, hat also mit menschlichem Versagen unfehlbar nichts zu tun, mit anderem schon gar nicht. Eine Ulme treffe ich erheblich seltener, immerhin ist sie unsere germanische Urmutter, der Odin den Lebenshauch, Hönir die Seele und Lothur die Lebenswärme eingeflösst haben[132]. Aber die Ulmen, die sonst 1000-jährige Reiche ohne Zögern überleben, sind uns weggestorben, zuerst kam Ceratocystis ulmi, ein Pilz, der die ulmeneigenen Leitgefässe verstopft und von dem ich daher annahm, er käme aus Amerika, er kam aber aus Ostasien, ihm folgte Scolytus scolytus, der grosse Ulmensplintkäfer, eine pilzübertragende Kerfe. Seither kann ich die Ulmen zählen, weshalb ich vor allem jene in der Kartause Ittingen[133] zähle und jene im württembergischen Kloster Hirsau zählte, die Ludwig Uhland bedichtet hat, und die es jetzt, nach 250 Jahren, auch nicht mehr gibt. Selbst zwischen den Mauern eines Refektoriums herrscht keine rechte Ewigkeit. | Für den Thurgau habe ich deshalb lange zwischen Ulme und Weide geschwankt, was mich nicht weiter irritierte, ich schwanke häufig, eigentlich immer. Da ich auf übliche Weise gezeugt bin[134], ist es mir versagt, mit voller Überzeugung das Richtige zu wissen, denn ich scheue sowohl Stammtische wie andere Glaubenskonspirationen, und eine Erweckung tritt bei mir kaum vor zehn Uhr morgens ein. Spätestens nach Mitternacht aber bin ich des Eindeutigen wieder ledig, und damit beginnen bekanntlich die Verpflichtungen, ich beneide mich nicht. Diese Entscheidung hat mir der Mond abgenommen. Er kam an einem Dienstag, war gut und ging stille, wie es sich gehört, aber er war, entgegen in der Jugend gelernter Verse, kein Mann, und dass er *Welle* mit *Wied*[135] zusammenband, vermochte ich auch nicht zu sehen, irgendwie enttäuschend. Trotzdem habe ich mich für die *Weide von Frauenfeld* entschieden, vielleicht, weil ich annehme, dass die Thurgauer wenig von Ulmen, dafür mehr von der Weide wissen, oder mindestens von ihrem wichtigsten Produkt, der Salicylsäure, dieser berühmtesten, je aus einem Baum gewonnenen Medizin, man muss der Salicylsäure nur noch Essigsäure anlagern, dann hat man es, jedenfalls fast, das Aspirin. Kleine Tablettchen, das Schmerzmittel aller Welt, obwohl es eigentlich gegen den Schmerz ist, 50 000 Tonnen jährlich, da liegt man nicht schlecht im Markt, er lagert sich sozusagen von selbst an. Gewiss, auch das Chinin der Cinchona, der Chinarindenbäume, wäre so berühmt geworden, aber wo Malaria ist, kann man Chinin nicht bezahlen, da liegt man schlecht im Markt, das gehört schon gar nicht mehr zum Globalen, was sich in jährlich nur 8000 Tonnen ausdrückt – gut, dass die Einheimischen wissen, wie man Chinarinde auch ohne Patentkleber anwendet, aber ahnen sie auch, wie schnell so ein Patent noch an der letzten Cinchona hängen kann? Manchmal muss an der Börse nur ein Päckchen die Hand wechseln, schon sind die Holder da, um zu teilen. Vielleicht mit den Indios? | Mir ist immer noch nicht begreiflich, weshalb ich «Freude herrscht» rufen soll, wenn einer den Mond betritt. Womöglich will er sich dort ein EFH bauen? Auch ist mir nichts zu Ohren gekommen, was damit zur Verbesserung Europas oder Amerikas beigetragen hätte, und mit der Verbesserung abgelegenerer Länder durch nächtliche Besuche aus der Richtung des Mondes scheint es auch nicht recht zu gelingen. Begriffen habe ich freilich, dass die Verehrung

[132] Herkunftsmythen: Zahlreiche historische Völker glaubten, ihre Ureltern, meist die Urmütter, wären Bäume gewesen (Eichen, Eiben, Eschen).

[133] Ehemaliges Kartäuserkloster im Thurgau, heute kantonales Kultur- und Bildungszentrum.

[134] Üblich sind Mutter und Vater. Götter, Halbgötter und Helden haben jedoch häufig keinen Vater. So zeugt Gaia (Erde) ihren ersten Gatten (Uranos, Himmel) aus sich selbst oder ist Merlin von einem Geist gezeugt worden. Mit dieser Vorstellung wird der besondere Rang einer Person hervorgehoben. Ohne Mutter geht es nie.

[135] Johann Peter Hebel: Der Mann im Mond: «He, siehsch nit, as er Welle [Wedele] macht? / Jo, ebe dreiht er d'Wied.» Alemann. Gedichte, Birkhäuser, Basel 1958.

BUCHBINDEREI
ST. LAURENTIUS

jetzt nicht mehr dem Mond gilt, sondern seinen Betretern, vielleicht sind sie gar schon seine Zertreter. Das war nicht immer so. Wenn der Mond durch die Weiden wanderte, war es nicht der Mond, vielmehr die Mondgöttin Selene, und wäre mir gerade nicht nach Selene zumute, stellte ich mir vor, es wäre Hekate oder Phoibe oder Artemis oder die Moiren, die Töchter der Nacht, *die in einer Höhle des Himmels an einem Teich wohnten, dessen weisses Wasser durch eben diese Höhle hervorbricht*[136] – es ist das Mondlicht, das aus den Wolken bricht, sich weit unten, bei mir, im Teich, im Fluss, im See, im Meer spiegelt, an deren Ufern Weiden stehen oder Pappeln oder Eichen oder Ulmen, die sich ebenso spiegeln, und so geht der Mond zweimal durchs Mastwerk der Bäume, gespiegelt und ungespiegelt. | Mein Problem ist, dass ich Selene und die Weide für das singuläre Mond-Baum-Paar hielt, ein Glaube, den ich mir mit der Investition von einigen hundert Franken in scheinbar mythenkundige Bücher erworben hatte, in denen vom Geist der Bäume und Pflanzen nicht nur weitläufig die Rede war, vielmehr Äusserungen dieser Geister sogar wörtlich zitiert werden. Inzwischen hat sich dieser Spiritus als zu leichtflüchtig erwiesen, weshalb ich damit ein Kuriosenkabinett eingerichtet habe, aus dem sich nach Bedarf etwa folgende Erkenntnis der wahren Ursache des Waldsterbens gewinnen lässt: *Stoffliches, materialistisches, falsches Denken über mich selbst und über die Welt vergiftet die geistige Atmosphäre, und das ist die Ursache dafür, dass sowohl im Leben der Erde, also in den Pflanzen und Bäumen, wie auch im Menschen, Krankheit und Tod sich breitmachen.* Eine gedankenenergetische Bosheit sondergleichen, sie ist sogar lokalisierbar, es ist *der venöse Blutstrom, der alle die Gifte in sich trägt, welche ausgeschieden werden müssen.* Nun dachte ich bereits, das Messer gegen meine Venen zücken zu müssen, doch lässt die Frage nach der Therapie erfreulichen Spielraum: *Kann der Mensch es lernen, sich aus dem Kohlendioxyd seines Blutes aus eigenen Kräften ebenso einen Leib zu erbilden, wie es die Pflanzen tun?* Ich war froh, zu erfahren, dass er das kann, nämlich mit *dem Betrachten eines Bildes, dem Hören guter Musik, dem Lesen eines Gedichts* und vor allem dem *Lichtessen* in christlicher Andacht[137], Brot und Wasser sind als Zusatzstoffe erlaubt. Ich weiss zwar noch nicht, welche Bilder ich betrachten, welche Gedichte ich lesen soll und was unter «guter Musik» zu verstehen sei, aber ich bin erleichtert. Die Autoindustrie ist entlastet, die Aufklärungsarbeit obliegt dem Staat und den Kirchen, ich weiss nur noch nicht, wie ich das den Forschern und Förstern beibringen soll, die noch nicht einmal wissen, wie unnütz sie geworden sind. In gebündelter Gedankenenergie muss freilich eine laserartige Kraft wohnen, die schon aus dem 8. Jahrhundert überliefert ist. Damals fasteten betend alle irischen Bischöfe gemeinsam gegen die heidenheiligen Bäume Irlands[138], bis sie zusammenbrachen. Leider wird nicht gesagt, wer zusammenbrach. | Eigentlich wollte ich ja nicht so weit ausholen, sondern von der Mondweidengöttin reden. Doch eben die scheint es nicht gegeben zu haben. Es ist eine Vielzahl, je nach Region und nach dem Aspekt der Verehrung, mich verwirrt das masslos, ich lese jetzt an den Ursprüngen, verliere Schweiss, aber immerhin kein Geld mehr. Hyperion oder Helios und Selene oder all die andern, waren einfach die verschiedenen griechischen Namen für Sonne und Mond, mythisch aber standen sie über den Gestirnen, hatten körperhafte Gestalt, sonst hätten sie den Menschen die Geheimnisse und Wirrnisse des Lebens nicht mitteilen können. Nicht einmal die Weide steht monden allein, da stehen noch viele am Wasser, das den Mond in ihrem Geäst spiegelt. Ganz zu schweigen davon, dass die Wissenschaftler heute belegen können, dass mehr als eine Baumart mit *exogener Rhythmizität* auf die Mondperiodik antwortet und auch die *Planetengezeiten* von Jupiter und Venus über die elfjährigen Zyklen der Sonnenflecken ihren Einfluss bemerkbar machen, aber das ist Astronomie[139], nicht Astrologie. Jedenfalls waren die Sumerer, die Inder, die Ägypter und die Kelten keine

[136] Karl Kerényi: Die Mythologie der Griechen I. Selene ist nur eine von zahlreichen Mondgöttinnen, aber die einzige, die den griechischen Namen für Mond direkt trägt; ebenso Helios (Sonne), der aber auch Hyperion (der da oben, der Obere) hiess.

[137] Erdmut-M. Hoerner: Die geheime Offenbarung der Bäume, Verlag Urachhaus, Stuttgart 1986.

[138] S. u. P. Botheroyd: Lexikon der keltischen Mythologie.

[139] Ernst Zürcher, ETH Zürich.

Die Silberweide ist ein typischer Baum feuchter Niederungen und der Weichholz-Auen. Sie verträgt viel Nässe und ist ein geschätzter Hochwasserschutz.

Die Weiss- oder Silberweide (Salix alba) auf dem Feld des Bachhofs bei Frauenfeld zählt zu den mächtigsten und schönsten freistehenden Weiden (Höhe 15 Meter, Umfang 750 Zentimeter, Alter etwa 150 Jahre). Ihre breit entfaltete Krone zeigt, dass sie nie geschneitelt, für Korbflechterei, Stallstreu oder Winterfutter gebraucht worden ist, denn das hätte zu einem kurzen Stamm mit besenartigem Kopf geführt. Bisher ging man davon aus, dass Eichen die ökologisch wertvollsten Bäume wären; jüngste Forschungen haben gezeigt, dass Weiden – allein bei den Insekten wurden über 700 Arten gezählt – einen ebenso reichen Lebenraum bieten.

Dummköpfe, auch wenn sie so wenig wie wir die Zukunft vorhersagen, Wetter machen oder Kohlköpfe zu doppelter Grösse anschwellen lassen konnten, ausgenommen die mit dem Grünen Daumen. Ich habe es auch versucht und eine verdammt teure Farbe gekauft. Es hat nichts geholfen. | Weiden treffe ich freilich fast nur noch dort an, wo das Land nicht anderweitig besetzt wird, denn die naturhaften Besetzer der alten Weiden bringen wenig Geld, 728 Insektenarten haben die Forscher gezählt, da werden sogar Eichen neidisch. Als Kind habe ich mir immer einen Weidenhain am Wasser gewünscht. Dort hätte ich auf dem Bauch gelegen und im Wasser dem wandernden Mond zugesehen und dem «Mann im Mond» bei der Arbeit. Heute würde ich unter der Weide von Frauenfeld, wo kein Teich ist, auf dem Rücken liegen, aber ich würde dein Gesicht über mir sehen, umflossen vom Mond im Gezweig der Weide. Mir würde so etwas genügen, es genügt mir schon virtuell, vielleicht bin ich zu bescheiden.

Du kennst das Diktum vom **TESSIN:** «Sonnenstube der Schweiz», sie ist sommers fest in fremder Hand, das Separatzimmer, das wir preisbewusst vermieten, mit Aufschlag für Hometrainer und prächtige Natursicht oder Sicht auf die Natur des Vermieters, freilich, wer kann schon etwas für seine Natur? In der Sonnenstube setzt man weder die fein noch die grob komponierten Noten aufs Spiel, weshalb die Leute oft nota bene sagen, im Übrigen wenig Schnürstiefel, und Lallwörter höchstens im Parlament, ansonsten leben die Hochwürden und die Ehrwürden dieses Landesteils, freilich auch die Merkwürden, vor allem die, an unzugänglichen Sonnensteilhängen. Alle anderen Hänge sind von Rusticos mit Deutschschweizern belegt, die ich seit 30 Jahren beneide, das einzige, das ich je erstehen wollte, brach eine Woche nach meiner Anfrage unter Erweckung des ganzen Dorfes in sich zusammen. Seither wollte ich nie mehr Kolonialherr werden. Die schönsten Tage der Sonnenstube sind die regengrauen, dann bin ich im Grotto endlich unter uns, unter Tessinern, zu denen ich mich auf hosenbodennaher Gemeinschaftsbank unverzüglich rechne, ich hoffe, sie mich auch. Leider sind an Regentagen viele Grotti oder Grottos, das kommt auf die Einlassbegehrenden an, geschlossen, obwohl die Preise angeschrieben bleiben. Übrigens hat das Dach meines Rusticos nicht gehalten, weil die Balken von Edelkastanien schon 600 Jahre alt waren, 350 davon hatten sie das gewaltige Gewicht der Dachsteine getragen. | Staunst du auch immer wieder über das Alter solcher Stämme? «Incalculabile» nannte ein spanischer Schafhirte solche Bäume, er meinte es grundsätzlich. Über Brusino sollen die *ältesten Edelkastanien der Schweiz* stehen, es sind jetzt wohl noch zwei von fünfen, der Schätzung nach über 1000 Jahre alt, gedrungen, breit- und hohlfüssig, mit dachweiten Kronen, unter ihnen sitzend bin ich Römer, Kelte und Langobarde und will nie mehr nach Hause. Aber so unschätzbar sind Edelkastanien wohl doch nicht, obwohl sie jahrhundertelang das Brot der Tessiner waren. Kaum war 1882 die Gotthardbahn eröffnet, wurden Mais, Reis und Kartoffeln billiger herangekarrt, und die Sonnenstube, damals Armenhaus, liess die heimische Stachelfrucht im Stich, dabei war auch sie nicht heimisch, soll von der Türkei über Sardinien nach Rom gekommen und von den Römern anlässlich der Ausdehnung strategischer Interessen zu uns gebracht worden sein. Die Römer wollten ja auf nichts verzichten, das zu ihrem Lifestyle gehörte, daher sind sie untergegangen. Aber so genau kenne ich die Transportwege der Nutzbäume nun auch wieder nicht, vieles ist unerforschlich, vor allem jenes, das gar nicht genauer erforscht werden soll, weshalb es den römischen Index[140] gibt, dessen Werke aber merkwürdigerweise besonders gesucht sind. | Der Herbst kann gefährlich sein. Als Zehnjähriger erhielt ich Hausarrest, weil ich meiner Nachbarsgespielin zugerufen hatte: «Komm, wir gehn in die Nüsse!», was seit dem Mittelalter den heimlichen Beischlaf in Haselnussgebüschen umschrieb. Da sass ich nun im Haus-Arrest und ahnte nicht einmal, warum, aber das wieder schärfte eine gewisse Empfindlichkeit für fehlende Begründungen. Als jungem Altgriechen, der ich, jedenfalls in Unkenntnis einer womöglich vorliegenden Wiedergeburt, natürlich nie war, wären mir solche Zweideutigkeiten gewiss sofort aufgefallen. Nuss, Feige, Apfel, Pflaume, Eichel, Dattel, Granatapfel, Karotte, Spargel: Wie oft sind sie zugleich anatomischer Wink, wenn auch nicht gerade mit dem Zaunpfahl, auf Brust, Schoss und Glied. Die Eicheln des Jupiter, Aphrodite mit Muschel oder Granatapfel, Dionysos mit Stab und Pinienzapfen, mich erstaunt nicht, dass auch die edlen, freilich doch sehr wehrhaften Kastanien als «Zeus-Eicheln»[141] bezeichnet wurden, als wollte ausgerechnet dieser ewigbrünstige Gott sich die Frauen vom Leib halten. Mir scheinen die Völker überhaupt gerne sexuelle Phantasien an ihren Göttern auszuleben, was ich übertrieben finde, aber doch angenehmer als die Bilder unserer halbgöttlichen Kioskhänger. Natürlich gibt es auch die asexuelle Variante, aber erstens ist sie es nur scheinbar, und zweitens schaudert mich vor Tugend und Reinheit noch viel mehr, eher bin ich bereit, mit dem Teufel die nächste Weinernte zu degustieren und mit ihm kräftig über den Geschmack zu streiten. Leider habe ich keinerlei

[140] Index librorum prohibitorum, amtliches Verzeichnis der vom Vatikan verbotenen Bücher.
[141] Herodot VII, 183; Theophrast 4.5.4.

Zuordnung der mächtigen, vielfrüchtigen Kastanie zu einem Kastaniengott entdeckt, nur eine Stadt: *Nach eintägiger Fahrt erreichte die Flotte Sepias bei Magnesia und den zwischen der Stadt Kasthanaia und dem Vorgebirge Sepias gelegenen Küstenstrich*[142]. | Fast wäre ich vor 30 Jahren berufsmässiger Kastaniensammler geworden, aber der Kastanienrüsselkäfer war immer schon vor mir da oder genauer: darin, und an soviel Eiweiss bin ich nun einfach nicht gewöhnt. Und dann liess noch etwas anderes als die Gotthardbahn die Kastanienselven verserbeln: Während zwischen 1836 und 1928 mehr als 40 000 Tessiner nach den USA auswandern, reist Ende der 1930er Jahre Endothia parasitica den umgekehrten Weg von der amerikanischen Castanea dentata zu unserer Castanea sativa, ein Schlauchpilzchen, das klein und effizient wie ein Chip die Kastanien verkrebste. Inzwischen ist die Gefahr gebannt, unter anderem, weil die Gleichung «das Tödliche mit dem Tödlichen bekämpfen», nämlich Jungbäume mit demselben Pilz künstlich zu infizieren, wieder einmal aufging. Mit der alten Kastanienkultur ist es trotzdem nicht mehr weit her, das ist von Nahem zu sehen: Von 8000 Hektaren «Brotbäume» sind knapp über 1000 Hektaren übrig. Dennoch versuchen Gemeinden des oberen Malcantone ihre alten Selven wieder hochzubringen, damit erneut die «Pinca» gedörrt, die «Tenasca» gebraten und die «Margreta» gekocht werde[143]. Und wenn es ein Holz gibt, das fast alle Eigenschaften gesuchter Tropenhölzer aufweist, dann ist es das der Edelkastanie[144]. Venedig könnte davon singen, wozu sich freilich der Gondoliere, den ich zu einem Tauchgang anstellen wollte, nicht bewegen liess, nicht in diesem Wasser. | Wo immer das Alte und das Neue scheinheilig bei einander stehen, ist mir wohl. Es relativiert die Ansprüche und bietet gleichzeitig doppelten Schutz. In Brissago haben sich der göttliche Apoll und sein geliebter Kyparissos mit den allerheiligsten Peter und Paul zusammengetan, denn vor der Kirche der beiden wurden im Weihejahr 1665 Zypressen gepflanzt, wovon einer dieser trauernden Kerzenbäume noch vor dem Portal steht. Er ist Kyparissos selbst, der Jüngling, der aus Gram um seinen Reithirsch nicht mehr leben wollte, weshalb ihn Apollo in die Zypresse verwandelte, die nun seinen Namen trägt. In Brissago zeigt sich dies als anrührendes Zeugnis früher Ökumene, zumal in der Zypresse auch Aphrodite anwesend ist, und Artemis, deren Tempeltüren in Ephesos aus heiligem Zypressenholz bestanden[145]. Freilich, da ich das Rauschen der Zypresse nicht zu deuten und das Schweigen Peters und Pauls nicht zu übersetzen verstehe, das der Lämmer übrigens mit jedem Jahr noch weniger, könnte es auch sein, dass im metaphysischen Feld so unhörbar wie ununterbrochen gnadenlose Heiden-Christen-Schlachten stattfinden, denn die Götter sind mächtig und eifersüchtig. Gewiss würde eine Kraftmessung dieses Ortes fürchterliche Störungen zutage fördern, ich weiss nur nicht, ob man tags oder nachts messen muss. Ich fürchte freilich, gegen drei höchste Gottheiten können zwei Heilige auf Dauer auch mit Tricks nicht bestehen, ausserdem würde Aphrodite sofort Hermes holen und der ist der grösste Trickster. Noch ein Säugling, klaute er Apollon eine ganze Rinderherde, und als die Fahnder an seiner Wiege vorbeikamen, lag er darin, strampelte und krähte vor Vergnügen[146]. | Die Eintracht von Zypresse und Kirche hat mich versucht, nämlich anzufragen, wie es die Kirchen mit der Natur oder deren untertanem Zustand hielten, falls sie da etwas hielten. Ich erhielt mehrere wahrscheinlich nicht unbedeutende Papiere, darunter «Theologische Durchblicke.

Die Zypresse (Cupressus sempervirens) vor der Kirche SS. Pietro e Paolo von Brissago dürfte zu den ältesten ihrer Art im Tessin gehören (Höhe: 23 bis 25 Meter, Umfang: 380 Zentimeter, Alter: 350 Jahre). Ihr sehr dauerhaftes und duftendes Holz hat schon im Altertum eine erhebliche Rolle bei Tempel- und Palastbauten gespielt, und als immergrüner Baum symbolisiert sie ebenso lange, neben anderen immergrünen Bäumen, den Lebensbaum an Gräbern und Begräbnisstätten. Diese Funktion erklärten sich die Griechen mit dem Mythos vom schönen jungen Kyparissos, dessen Namen die Zypresse seit homerischen Zeiten trägt.

[142] ebenda.

[143] Jeanne Chevalier, Christian Küchli: Wurzeln und Visionen, AT Verlag, Aarau 1992.

[144] Prof. Ladislav J. Kucera, ETHZ, mündliche Mitteilung.

[145] Theophrast, zit. bei Hellmut Baumann: Die griechische Pflanzenwelt in Mythos, Kunst und Literatur, Hirmer Verlag, München 1999.

[146] Karl Kerényi: Die Mythologie der Griechen I. Natürlich liess sich Apollon nicht täuschen, denn er war ein grosser Gott.

Die Edelkastanien (Castanea sativa) auf der Alpe di Brusino in Serpiano werden zu den ältesten Bäumen der Schweiz gezählt. Sie sollen 1000 Jahre oder älter sein, was bei der Schnellwüchsigkeit dieser Bäume stets ein Streitpunkt bleiben wird. Dennoch sind die mächtigsten (Höhe: 8 bis 10 Meter, Umfang: 12 bis 14 Meter, Mindestalter: 500 Jahre) eindrückliche Baumgestalten. Nicht zuletzt zeugt dieser Fruchtbaum, den die Römer aus Kleinasien zu uns brachten, von einer 2000-jährigen Nutzkultur, die sehr viel mehr mit der Kastanie anzufangen wusste als das Marronibraten. Nach schweren Schäden durch einen eingeschleppten Rindenkrebs, versuchen heute wieder zahlreiche Tessiner Gemeinden ihre Kastanienselven zu pflegen und zu nutzen.

Verlautbarungen des katholischen Lehramtes zur Umweltproblematik». Ich habe sie durchgeblickt, wenngleich zögernd, und mich gefragt, ob *ich* befugt wäre, mich ebenfalls zu verlautbaren, zumal ich über kein Lehramt verfüge, nicht einmal über einen Stuhl, auf dem ich amten könnte, und der Umwelt auch keine weitere Problematik bescheren möchte. Na ja, du weisst, man findet in solchen Papieren viel Ernsthaftes, *Bezugnahmen* und *Erklärungen,* auch ökumenische, *auch* ist dort ein vielgebrauchtes Wort, aus dem ich das ABER meist schon instinktiv heraushöre, aber jedenfalls ist *Gott ein Freund des Lebens.* Ferner habe ich von zahlreichen *Hirtenbriefen* gelesen, dass *Gott die Erde mit allem, was sie enthält, zum Nutzen aller Menschen und Völker bestimmt hat,* dass der *Herrschaftsauftrag des Menschen als Gottebenbild freilich Umweltverantwortung* einschliesse[147]. Du verstehst, dass ich mehrmals nahe daran war, aus der Herde auszubrechen, aber ich blieb dann doch stur darin, denn *ich bin es,* wird mir endlich gesagt, der die ökologischen und umweltethischen *Elemente* stärker als bisher *in Liturgie und Gemeindearbeit zur Geltung zu bringen hat*[148]. | Es hat mich getröstet, dass ich so viel Geltung habe oder sie jedenfalls irgendwohin bringen soll. Als Erstes werde ich meine Geltung Hanskari bringen, einem Gemeindeglied, das vom Abräumen der Umwelt lebt, der Hanskari ist ziemlich mächtig, hat schon einmal einem gesagt, wer ihm dreinfunke, den ruiniere er bis vor Bundesgericht. Vielleicht trinke ich auch nur ein Bier mit ihm, ich habe ja auch sonst beim Bingo kein Glück. Die Papiere haben mich, natürlich nur im Grossen Ganzen, im Einzelnen wäre es ja noch weniger, nicht erhellt, mir war eher, als hätte ich *den dunklen Schatten* gefunden, *den die Sprache auf den Gedanken wirft*[149], und diesen Zettel: *Man muss Stellung dagegen beziehen, dass die Gier nach Geld die Hirne der Politiker und Wirtschaftsbosse zerfrisst*[150], den wollte ich eigentlich wegwerfen. Das Bier muss ich jetzt wohl alleine trinken. Und doch, schief gehen kann ausser mir eigentlich nichts mehr, denn seit 1971 ist der Franz von Assisi Schutzpatron der Ökologen. Er weiss gewiss auch, wo Bruno Manser ist.

[147] Karl Koch: Theologische Durchblicke. Verlautbarungen des katholischen Lehramtes zur Umweltproblematik, ThG 40, 1997.

[148] ebenda.

[149] Max Müller, zit. bei Ernst Cassirer: Sprache und Mythus, 1925.

[150] Heiner Geissler, deutscher CDU-Politiker, «Tages-Anzeiger»-Magazin, Juli 2001.

Im optimalen Alter liefert die Edelkastanie ein Holz, das gesuchten tropischen Edelhölzern fast ebenbürtig ist. Und unter dem Altbaum ist der Zvieri, die Brot-Zeit, ein Festschmaus.

URI ist der durchgängigste aller Kantone, das helvetische Nadelöhr, durch das noch jeder Reiche hindurchgeht, zumal es hier keine Kamele gibt. Bei Föhn sogar von Bergeshöhn herab gut zu sehn, wie sie in Erstfeld sich vor drängenden Felswänden ducken und Gas geben, mit immer mässigerem Erfolg, aber unmässigem Durchhaltewillen. Die Urner haben jetzt, wie ich hörte, genug vom Gas, jedenfalls von diesem. Früher war das anders, was allerdings kaum anders sein könnte, da war Uri der durchlässigste Kanton, da kamen der Arme wie der Reiche über den Gotthard, und beide blieben oft hängen, weniger an den Felswänden als im Schmaltalboden, wovon du allerdings nur die reicheren Spuren deutlich siehst. An Kirchen, Palästen und Bürgerhäusern hängt schon Italien, sie haben so etwas Luftiges, wie von Tiepolo, freilich mehr Giandomenico als Giambattista; die Spuren der Armen, der Einheimischen wie der Fremden, sind etwas undeutlicher geworden ob all dem renovierten Wandel, aber man kennt ihre Geschichte, vor allem die der Mädchen und Frauen, ihre zürcherische Geschichte, wo ihnen auch kein Baum blühte, höchstens ein «Bankert», den die gütigen Zwinglianer unverzüglich als solchen identifizierten und dem Urnermädchen den damals üblichen Pass überreichten, mit dem es, wie du weisst, weit kam. Aber dieses jahrhundertelange Hängenbleiben in Uri oder auch dieses seinshafte, schnaubende Uri-Wesen im Uri-Stier hat eine Gelassenheit gegenüber allem Fremd-Wesen erzeugt, wie du es sonst selten findest: «So? Ein Fremder, und?!» Mit Fremdem ist man hier vertrauter als in jenen Tälern, die hinten aufhören, und manchmal schon vorne. Wie üblich zogen nur die Kulturpessimisten weiter, man weiss ja nie, was einem blüht, es könnte sogar aus Plastik sein, neuerdings und nicht nur in den Rastparadiesen perennierend. Die Armut des Reichtums, die sich wohl nicht einmal mit einem Bergahorn bannen lässt. | Ein Bergahorn ist freilich nicht der Kopfschmuck einer alpinen Wildziege, wie heute manch jüngerer Unterländer anzunehmen scheint, natürlich auch manch jüngere Unterländerin, sondern eine Art «Baum der Schweiz», was meint, dass er in diesem Land am häufigsten vorkommt und gelegentlich zu verehrungswürdiger Grösse heranwächst, wie du ja von meinen Graubündner Zetteln weisst. Hubert hat mich zum *Schattdorfer Ahorn* geführt, der nicht, wie auf meinem Zettel stand, auf dem Schilligli steht, sondern noch weiter oben, dort, wo sich ein Hochtal öffnet, in das ich eintrat wie ein Initiierter in Shangri La. Allerdings leben beim Schattdorfer Ahorn keine unechten Ur-Arier, sondern echte Urner, weshalb man hier wenig Theosophen trifft, eher noch einen Theo allein. Es war Spätnachmittag. Der Himmel aus sich übereinander oder voreinander schiebenden schwarzen und grauen Vexierbildern sah mit seinen blauen Löchern ziemlich zerschlissen aus, es hatte geregnet und würde gleich wieder regnen, und wäre ich ein Romantiker oder wenigstens naturreligiös ergriffen und aufgewühlt, am besten natürlich beides, ich beschriebe dir das Licht und den Ahorn in diesem Licht und die Hand dieses Lichts auf dem schuppigen Stamm des Ahorns und das Gras in diesem Licht und alle Dinge im Umkreis, von denen dieses Licht wiederum zurückkam oder aus ihnen herausdrang, als seien alle Hierarchien hinfällig geworden, eigentlich sah ich überhaupt nicht, woher dieses Licht kam, es lag gleichmässig auf allem, wie Altsilber auf gedunkeltem Goldgrund und war wie das breite Ein- und Ausatmen der Kühe und genau so warm. Und darin und vor mir der Ahorn mit ausgebreiteten Armen. Wäre mir hier ein Alt-Germane erschienen und hätte gesagt, dieser Ahorn wäre mein Vater, ich hätte diesen Vater angenommen. Und als Hubert sagte, es gelinge ihm nicht, länger als zwei Tage von hier fort zu bleiben, habe ich ihm geglaubt. | Vom Mythischen des Ahorns habe ich aus unseren Gegenden wenig Kunde, selbst griechische Götter scheinen nicht gerade seine Kunden gewesen zu sein. Da ich indes den Tag nie vor dem Abend lobe, eigentlich schon am Morgen nicht, lobe ich umso mehr die Nacht, was mir die Muse der Bücher mit einem Fund gedankt hat, nämlich mit einer merkwürdigen Übereinstimmung zwischen dem Theophrastos, (3. Jahrhundert v. Chr.) und der Hildegard (12. Jahr-

Doppelseite 124/125: Der Bergahorn im Haldi von Schattdorf ist nicht der mächtigste im Baumarchiv, dafür einer der schönsten. Die Natur selbst hat ihn wie ein Denkmal auf ein Podest gestellt. Acer pseudoplatanus meint, dass er platanenähnliche Blätter hat, und mit der Platane teilt er auch die Vorliebe für feuchte Standorte. Er gedeiht im Unterland, steigt aber auch bis auf 1500 Meter hinauf. Er eignet sich bestens zur Sicherung von Rutschhängen; sein hartes, weisses Holz ist für Möbel, Musikinstrumente und Werkzeugstiele gesucht; für die Bienen ist er einer der besten Pollen- und Honigspender.

Die Stechpalme, Stechhülse oder Winterbeere (Ilex aquifolium) kennen wir meist als Heckenpflanze oder strauchiges Waldgewächs, alle ihre Teile sind giftig. Wildwachsende Stechpalmen sind geschützt. Das Holz ist hart und schwer und für Drechslerarbeiten gesucht. Stechpalmen sieht man es nicht an, dass sie leicht 300 Jahre alt und baumgross werden können, wie die Stechpalmen von Bauen, die gegen 200 Jahre alt sein dürften (Höhe: 8 bis 10 Meter, Umfang: 55 bis 83 Zentimeter). Sie sind vor allem in katholischen Gegenden als Palmsonntagsschmuck begehrt; der Name Stech-Palme dürfte daher stammen, dass ihre lederartigen, spitzen und stechenden Blätter in Analogie zur Dornenkrone gesetzt wurden.

hundert n. Chr.), beide bezeichnen den Ahorn als «Schreckensbaum», was mich verwirrte, bis der Herbst kam – mit flammender Verfärbung, unerklärlich, Angst und Schrecken verbreitend, göttlich. Und so stellten die Griechen den Ahorn in Analogie zu Phobos, den noch blutrünstigeren Sohn des Kriegsgottes Ares. Für die Richtigkeit stehe ich gerne gerade, ich habe eine Phobie vor jeder Runst, vor allem der blutigen, vor der Gerechten fast noch mehr. Unklar ist mir bloss, wie die Nonne Hildegard damals schon an den Theophrast kam, wahrscheinlich mit einem Undercoveragenten über die römische Indexbibliothek[151]; klar wiederum ist nun, weshalb der Ahorn im Mittelalter als antidämonisch galt: Gerade seine Schreckenswirkung macht es aus, und also schlugen die Bauern, und gewiss auch andere, Ahornzapfen in die Schwellen von Haus und Stall, damit das Böse draussen bliebe. | Wenn es denn aber doch hereinkam, wussten die Urner damit umzugehen, wie jener Ledige, den nächtens das Toggeli arg drückte, bis er das Schlupfloch im Holz entdeckte, und als das Toggeli wieder auf ihm sass, einen Ahornzapfen hineinschlug. Da erwies sich das Toggeli zuerst als nacktes Weib, worin du sofort den zwingenden Alp unserer Religion erkennst, wiewohl ich auch schon gehört habe, er sei aufgezwungen, danach als gute Magd, was mir die Domestikation des Alps auszudrücken scheint, schliesslich als sorgsame Gattin, worunter wir den Gebrauch der sozusagen zugeschlüpften Sache zu sehen haben. Sie schenkte dem Ledigen sieben Kinder, obgleich ich, und nicht nur der fernseharmen Zeit wegen, bezweifle, dass es da nur ums Schenken ging, zumal von einem Gegengeschenk keine Rede ist. Eines Tages aber riss eines der geschenkten Kinder den Zapfen heraus, worauf die Mutter nur noch sagte, man solle den Vater grüssen[152]. Merkwürdig, wie viele unserer Sagen und Märchen in der Befreiung aufgehen, findest du nicht auch? Übrigens weiss ich jetzt, warum in Rom nur aus Stein gebaut wird. | Hin und wieder versucht einer, mich auf die Palme zu bringen, was ich einmal, im pazifischen Raum, vielleicht war es auch mehr eine Insel, als beseligendes Wiegen erlebte. Meist warte ich aber vergeblich auf die Träger, die mich hinaufbringen sollen, während der andere schon oben ist, sich aber bald vereinsamt fühlt. Ich könnte ihn natürlich darauf aufmerksam machen, dass es hier herum keine Palmen gibt, es wäre denn, er meinte Stechpalmen. Etwa die *Stechpalmen von Bauen,* sie sind gewiss 100, vielleicht 200 Jahre alt, im Bernischen gibt es 300-jährige, ein zäher Baum, der, wie wir, immer weniger Stachelblätter treibt, je älter er wird, ausgenommen die Ausnahmen. Auf Stechpalmen aber lässt man sich nördlich der Alpen nicht bringen, die bringt man in die Kirche, zuerst in die Hände von Jugendlichen, die an langen Pfählen Stechpalmenzweige über Drahtkreise winden und die Scheitelpunkte mit Äpfeln bestecken, manchmal sind es bis zu zehn Drahtkreise, Buchs und Thuja dürfen als Spitzen- oder Zwischenschmuck nicht fehlen, mit örtlichen oder kantonalen Unterschieden natürlich, man nimmt, was man hat. Dann geht es damit in langer Prozession in die Kirche, es ist der Einzug des Messias in Jerusalem, und die Stechpalmen sind anstelle echter Palmzweige die Friedenssymbole der arabischen Welt und die Drähte sind die Planetenbahnen und die Äpfel sind die Planeten, vor der kopernikanischen Wende natürlich, und das Ganze geht auf naturreligiöse Feste zurück, mit denen das neue Vegetationsjahr begrüsst wurde und die Götter Opfer empfingen, damit sie der Fruchtbarkeit der Erde günstig gesinnt wären[153]. Wie tröstlich, dass wir diese unselige Naturgötterei hinter uns gelassen haben, denn vor uns liegt, wenn wir alles Übrige schöpferisch erschöpft haben, dieses köstliche Dreigangmenu von Altölsuppe als Entré, sautierten Obligationen als Hauptgang und gebrannten Namensaktien als Dessert, vinkulierte natürlich.

[151] Index librorum prohibitorum, amtliches Verzeichnis der vom Vatikan verbotenen Bücher.

[152] Josef Müller, Karl Guldenschuh: Sagen aus Uri: Toggelis Aus- und Eingang, bibliophile Ausgabe 1975.

[153] Verena Eggmann, Bernd Steiner: Baumzeit, Werd Verlag, Zürich 1995.

Es ist lange her, aber einmal habe ich auch in der **WAADT** gearbeitet. Château d'Ouchy vor mir, die Kathedrale hinter mir, dazwischen ein vornehmes Etablissement, in dem Kaniden, die wie misslungene Zuchtversuche aussahen, von älteren amerikanischen Damen ausschliesslich mit Filetstücken verköstigt wurden, und Prinzen eines Hofes, der täglich eine Million, vielleicht auch fünf Millionen Liter flüssige Wälder vernichtet, so genau weiss ich das nicht mehr, auf dem Zimmerparkett gelegentlich ein Feuerchen entfachten, um eine Ziege zu braten, meist saignant. Ich erinnere mich ungern an den ungleichen Kampf gegen mopsgedackelte Windhunde, zumal diese kaum noch Stehvermögen besassen, und über Hintertreppen gebuckelte Kapriden, deren Gemecker noch den entlegensten Schmugglerpfad verraten hätte. Damals gab es freilich noch keine Special Task Commands, nicht einmal falsch informierte, nur Sommeliers, die nicht oder nicht gut schliefen. Dort kam ich auch mit James Stewart in Berührung, eigentlich berührte er eher mich, um einen Nachschlag Homard à la Thermidor zu erhalten. Als er aufstand, war er baumlang, sein Sohn war auch schon baumlang, ich musste mich weit zurücklehnen. Es war meine erste Begegnung mit Bäumen, so, dachte ich, müssen Mammutbäume aussehen, aber es waren bloss Schauspieler. Am Ende des Sommers reiste ich ab, Stewart war schon vorher abgereist, sein Sohn auch. Ich glaube, sie hatten kein Geld mehr und mussten drehen; ich möchte nicht drehen müssen, mir wird schon beim Anblick einer Schiffsschaukel schwindlig. Was sich mir indes fest eingeprägt hat, ist nicht der Chasselas, sondern die Rosette der Kathedrale. Glücklicherweise dreht sie sich nicht. | Diesmal habe ich mich der Waadt mit einem Glas in der Hand genähert, denn ich hatte eine Wahl unter ihren Bäumen zu treffen. Daran versuchte mich mein neudeutsch getrimmtes Journalistengedächtnis ständig mit dem Begriff *Optionen* zu hindern, doch bin ich nur bei persönlicher Kenntnis betreffender Unternehmensführer gewillt, Optionen gegen Aktien einzutauschen, und selbst dann schlafe ich schlecht. Gläser sind freilich ein probates Mittel der Selbstüberlistung, und so brachte ein zweites Glas eine klare Wahl: Die Entscheidung fiel für den *Arbre de la Liberté* von *Cully,* denn die Freiheit, die ich allerdings weder mit Autofahren noch mit dem merkwürdigen Stolz verwechsle, Sicherheitsgurte *nicht* zu tragen, liegt mir doch sehr am Herzen. Dieser Baum ist eine *Platane,* lateinisch *Platanus,* womit ich jenen Bergahorn, lateinisch *Acer pseudoplatanus,* für den ich zuerst und lange *optioniert* hatte, wie sich ein Wirtschaftsmann kürzlich ausdrückte, doch nicht ganz verstossen musste. Mein Gewissen ist ja, wie du weisst, in Wahldingen überaus heikel, es beisst überaus schnell zu, gebährdet sich zuweilen schlimmer als ein Rottweiler. So konnte ich mich endlich ganz der Waadt widmen. Sie ist bekanntlich welsch, vom singenden Dialekt her eher frankoprovençalisch als frankowallonisch, was aber meist nur die Wallonen sofort bemerken. Und sie war bis zu jenem kühnen Karl aus Burgund keineswegs schweizerisch, sondern burgundisch oder savoyisch, danach untertänigst bernisch, nur eines war sie nicht: eidgenössisch frei. Es gibt ja ganz verschiedene Auffassungen von Freiheit, und wer sie hat, gibt sie dem andern nur, wenn das profitabler ist. Die Vaudoises jedenfalls bekamen sie nicht, dazu war die Grande Révolution ennet des Jura nötig, und das ist auch die Geschichte der Freiheitsplatane von Cully. | 1723 schon hatte der Major Jean Abraham Daniel Davel das Lied der Liberté von Bern hoch und laut zu singen versucht, zog mit 600 Mann nach Lausanne, wurde von der Obrigkeit den Berner Herren ausgeliefert, erst gefoltert, dann geköpft. 1798 zogen die Franzosen in der Waadt ein und die Waadtländer Davel aus Grabesvergessenheit, und in Cully, wo das Gut von Davels Mutter lag, wurde die Platane als «Freiheitsbaum» gepflanzt: Liberté, Egalité, Fraternité. 1803 war die Waadt frei. Der Gott, der Abraham in den Terebinthen zu Mamre erschienen war, stand dem Major Abraham Davel somit etwas spät bei, doch dieser hatte es den Legenden nach zu Lebzeiten ohnehin mehr mit einer geheimnisvollen «belle inconnue», die ihm zunächst zu Tod und Wiedergeburt verholfen habe, worunter ich mir etwas durchaus Angenehmes vorstelle. Nach allerlei magischen Verrichtungen sei das mystische Wesen verschwunden, doch Davels Haar sei noch lange ein seltsamer Duft entströmt und er habe die Zukunft voraussehen und Kranke durch Gebet und blosse Anwesenheit heilen können. Die innere Heiterkeit, mit der er 30 Jahre später aufs

128

Platanen haben geringe Feuchtigkeitsansprüche und werden bei uns daher meist als Park- und Strassenbäume sowie – als man den Baum noch als Lichtfilter und Schattenspender schätzte – in Gasthausgärten gepflanzt. Das Holz kann zum Bauen und Werken verwendet werden.

Doppelseite 130/131: L'Arbre de la Liberté, die Freiheitsplatane von Cully, ist neben der Freiheitsplatane von Ellikon an der Thur einer der letzten echten Freiheitsbäume der Schweiz. Der Baum wurde 1798 allerdings aus zwei verschiedenen Gründen gepflanzt: Zum einen sollte er an den Major Davel erinnern, der schon am Anfang des Jahrhunderts den Versuch unternommen hatte, die Waadt vom Kanton Bern zu lösen; zum andern waren soeben die Franzosen in der Waadt einmarschiert, womit den Waadtländern tatsächlich die Freiheit von Bern winkte. Platanen gehörten während der Revolutionszeit auch in Frankreich zu den wichtigsten Freiheitsbäumen. Die Platane (Platanus x hybrida) ist wie die meisten unserer Platanen eine Kreuzung von orientalischer und amerikanischer Platane (Höhe: 30 Meter, Umfang: 600 Zentimeter, Alter: gepflanzt 1798).

Schafott trat, hätte Henker und Volk erschüttert[154], woraus immerhin zu ersehen ist, dass das Volk damals schon gerne beim Schlachten dabei war, Kinder eingeschlossen, schon aus pädagogischen Gründen. Ich habe etwas übrig für all diese wunderbaren Geschichten, wie viel, weiss ich zwar nie im Voraus, aber nun macht mir die Forschung auch diese Lust am Mystischen zunichte. Bisher habe ich geglaubt, es wären entweder Drogen oder die Kraft religiöser Fremd- oder Autosuggestion verantwortlich, dabei greift der Selbstschutz noch viel direkter ein. Denn wenn mein Gehirn in kritischen Situationen schon nichts produziert, so produziert es in jedem Fall Endorphine[155], schüttet gewissermassen einen Schwall von Durchhaltedrogen in meinen Körper, der die Kraft der Illusion steigert, mich befähigt, körperliche, soziale, politische, seelische und Natur-Katastrophen zu überleben. Du ahnst es: Das macht aus, dass unsere Geduld meist zu langmütig ist; ich frage mich aber doch, warum statt der Endorphine nicht frühzeitiger mehr Cerebrum[156] ausgeschüttet wird. Vermutlich wegen der Optionen. | Platanen sind die klassischen Dorf-Linden Griechenlands. In ihrem Schatten wandelte, der Schattenbilder voll, der grosse Platon. Vorher soll es, wie populäre Mythologen sagen, die Grosse Mutter gewesen sein. Ihr wären alle mythisch-kulturell wichtigen Pflanzen mit fünflappigen Blättern geweiht gewesen: Platane, Feige, Efeu, Rebe und andere[157]. Nun denn, welche Grosse Mutter, bei welchem Volk, zu welcher Zeit? Und wie ist dann die Konkurrenz des Efeu- und Rebengottes Dionysos zu deuten? Ich habe es mir so gedacht: Die grossen Themen von Liebe und Treue, Verrat und Tod, Opfer und Erfüllung, Fruchtbarkeit und Dürre, Geist und Körper wandeln sich auch unter heiligen Bäumen nicht, die magischen Geräte der Liturgie jedoch – Stamm und Ast und Laub und Zweig – werden immer wieder neuen oder anderen Gottheiten zugeschoben, das Motto heisst Gleichzeitigkeit und Dauer. Die immergrüne Platane im kretischen Gortys[158], unter der Zeus unsere Namensgeberin Europa liebte, ist ein solches Gerät. Noch heute weiden Frauen, um sich der magischen Kraft des Baumes zu versichern, wie Ziegen die Blätter ab, wo immer sie sie erreichen können. Von der Platane des Xerxes hingegen, die der Perserkönig mit Gold und Geschmeide behängte, um ihrer Schönheit zu huldigen, ist bloss Herodots[159] Notat und Händels Arie geblieben «Ombra mai fu», die Watkinson singt sie schöner als der Scholz, aber so anfechtbare Geschmacksurteile überlasse ich lieber andern. |
Die Schönheit der Platane von Cully spiegelt – die Schönheit der Platane von Cully. Sobald ich nämlich auch noch von Freiheit, Gleichheit, Brüderlichkeit reden will, scheint mir die Revolution erneut loszubrechen. Da werden die Einwände so eng wie in einer Einliegerwohnung, ja ich möchte sagen, dort gibt es überhaupt nur eine Wand. Ich habe da keine Option, kann es auch schlecht kommunizieren, eigentlich möchte ich lieber darüber reden. Etwa über die Rolle des mit allen bürgerlichen Rechten behängten Freiheitsbaums, von dem die Franzosen in Städten und Dörfern ungefähr 800 000 pflanzten, gelegentlich schleppten sie ausgewachsene Linden, Ulmen oder Platanen herbei, worauf diese nach vielleicht einjähriger Verpflanzzeit den revolutionären Geist aufgaben und ein Staatsbegräbnis erhielten[160]. Übrigens war man sich schon damals über die Gleichheit nicht einig. Frauen, die dem heiligen Revolutionsbaum nicht huldigen wollten, schor man kahl und fesselte sie an den Baum, worauf dieser zum neuen

154 Sergius Golowin: Lustige Eid-Genossen, Atlantis, Zürich 1972.
155 Walter Burkert: Kulte des Altertums. Biologische Grundlagen der Religion, C. H. Beck, München 1998.
156 Lateinisch: Gehirn(masse).
157 Jacques Brosse: Mythologie der Bäume, Walter Verlag, Olten 1990.
158 Ovid (1. Jahrhundert n. Chr.), römischer Schriftsteller: Metamorphosen, Artemis & Winkler, Reihe Tusculum, Zürich 1996.
159 Herodot (5. Jahrhundert v. Chr.), griechischer Historiograph: Historien, Kröner Verlag, Stuttgart 1971.
160 Robert Bourdu, Michel Viard: Arbres Souveraines, Ed. Du May, Paris 1988.

Pranger wurde, wo auch Frauen auf Frauen spuckten, es muss mit den Endorphinen zusammenhängen. Den Blutrausch der männlichen Führer will ich übergehen, sie haben, stelle ich als eifriger Leser und Hörer nur fest, stets die gerechtesten Argumente für ihre Leichen-Lese, mich irritieren allenfalls die nickenden Frauen. Auch die Schweiz hat damals einige 10 000 Freiheitsbäume gepflanzt oder aufgestellt, im Tessin schon reichlich zweideutig: die Schweizfreundlichen einen für die Schweiz, die Cisalpini einen für Italien[161]. Die Tradition des Freiheitsbaums ist geblieben, aber nur hierzulande, den Franzosen müsste man sie wieder erklären. Auch ich habe 1998 die 150 Jahre Bundesstaat brav unter den Freiheitsbäumen gefeiert, ohne die er nicht möglich geworden wäre: Unter der Franzosenlinde in Sünikon-Steinmaur, die «Lothar» fortgenommen hat, und unter der Freiheitsplatane von Ellikon an der Thur. Der dritte schweizerische Freiheitsbaum steht in Cully. Wo die Freiheit steht, weiss ich nicht genau, und was sie ist, immer weniger.

[161] Eduard Strübin: Die Basler Freiheitsbäume, in: Baselbieter Heimatblätter 3/1974.

Dass es auch in der Schweiz ein **WALLIS** gibt, kann einen Waliser in grösste Verwirrung stürzen, meist ist sie gegenseitig und lässt sich mit der Unterscheidung in Wales und Swiss-Wales eher steigern denn mindern. Auch würde ein Walliser einen Waliser schwerlich verstehen, ist doch das Höchstalemannische bereits im Rhonetal von vergleichsweise hohen Bergketten erfolgreich daran gehindert, sich dem Britonischen zu nähern, während jenes bei eher mässiger Hügellage keinerlei Schwierigkeiten hat, sich mit dem Bretonischen zu verschwägern, weshalb ich einem Waliser schon gar nicht näher bringe, dass im Wallis neben dem welsh-german auch noch welsch gesprochen werde. Ich müsste fürchten, er oder auch sie hielte mich für verwirrt, wenn nicht gar für einen Betrüger, einen Welsher, ein vermutlich von den Engländern erfundenes Wort, was wohl deren herzliches Verhältnis zu den Walisern kennzeichnet. Engländer, natürlich auch Franzosen, verstehen sich bekanntlich als Kulturnationen, weshalb sie ihren Minderheiten stets mit liebevoller Härte und unbeirrt von einsichtsloser Widerständigkeit den Gebrauch einer echten Kultursprache eingeben wollen, was weitgehend gelungen scheint und den kulturellen Wirtsnationen mit besonderen Hymnen gedankt wird. Eine St. Gallerin verhalf vor etlicher Zeit auch mir zu so sprachbewusster Zeugenschaft, womit ihr Plädoyer gemeint ist, Walliserdeutsch im Radio zu untersagen. Ich muss gestehen, dass solche Vorgänge auch meine Idee von Kultur nachhaltig geprägt haben, allerdings ist heute ja alles nachhaltig, das Wegwerfen am meisten, weshalb wir es jetzt gnädiger als Entsorgen bezeichnen, worin unsere ganze Sorge nachhaltig zum Ausdruck kommt, falls sich darin nicht doch etwas ganz anderes ausdrückt. Das heimische Wales hat die Engländer übrigens verleitet, sich auch der rückständigen Walliser anzunehmen, wobei sie, in Ermangelung üblicher Kolonialrechte, den Wallisern bloss das Bergsteigen beibrachten. Die Walliser nämlich glaubten, da hinauf dürfe man nicht, dort oben hockten die Götter, wenn nicht Gott selbst. Heute sind sie alle ziemlich zermattet, insbesondere das Horn kann gar nicht mehr matter werden. Die Natur lehrt mich auch immer wieder die Zeitgebundenheit von Epigrammen: *Auf den Gipfeln trifft man keine Massen,* es ist von de Gaulle. | Wallisern und Walisern gemeinsam ist, dass sie ihren Traditionen unbeugsam treu bleiben, im Rhonetal bis in economische[162] Zusammenhänge hinein. Natürlich verspüre auch ich, auf lieb gewordenen Ästen sitzend, keinerlei Neigung, diese abzusägen, mir genügt es, den Ursprung zu kennen, weshalb mir Maria als Himmelsgöttin nach wie vor besser gefällt denn als Wohlbeleibte, wie es im hebräischen Original heisst, ebenso wenig will ich vom Erlkönig ablassen, obwohl er eigentlich ein Elfenkönig[163] war. Und so halte ich es auch für angezeigt, obwohl *ich* deswegen niemanden anzeigen würde, dass man im walisischen Carmarthen den kläglichen Rest von Merlins heiliger Eiche gegen alle Verkehrsregeln erhält, obwohl es diesen Merlin nie gegeben hat. Einen so altmythischen Baum haben unsere Walliser nicht, auch die Gerichtslinde von Naters reicht nicht einmal angeblich ins 6. oder 7. Jahrhundert zurück, abgesehen davon, dass die Waliser damals noch gar nicht daran dachten, in Richtung Helvetien aufzubrechen. Unsicher bin ich höchstens über den rätselhaften Stein bei der Linde, der ein Hinterlass Extraterrestrischer sein soll, was ich allerdings eher ins Gebiet der Ekterophilie[164] verweise, eine sexuelle Abweichung, die sich in leidenschaftlicher Verliebtheit in ausserirdische Wesen äussert. Nun ja, du hast wohl bemerkt, dass ich gern verweise, *ich* freilich möchte mir jeden Verweis verbitten. | Du bist gewiss auch schon an Grenzen gegangen, sie sind ja in letzter Zeit sehr in Mode gekommen. Ich treffe bereits auf jedem Barhocker auf diese Grenzgänger, die entweder mit erfrorenen Zähnen dem ewigen Eis entkommen sind, im Dschungel das letzte Grönlandkamel herausgefordert, Australien auf den Spuren Leichhardts mit einem hundertpferdigen Mustang durchquert oder den einzigen River Andorras niedergeraftet haben. Am unheimlichsten freilich ist mir das verklärte Lächeln der spirituellen Grenzer, meist stelle ich mich reflexartig vor den nächsten Baum, um ihn davor zu bewahren, erwürgt

[162] Ecône: Zentrum katholischer Gläubiger, die an den vorkonziliaren Riten festhalten.
[163] Alfred Bertholet: Wortanklang und Volksetymologie, o. O. 1940.
[164] Von Lars Gustafssohn (schwedischer Schriftsteller) erfundenes neugriechisch-lateinisches Wort.

Die mächtigste der Lärchen auf der Moosalpe hat eine Höhe von 15 Metern und einen Umfang von 510 Zentimetern. Ihr Alter dürfte im Vergleich mit gemessenen Lärchen zwischen einem Minimum von 700 und einem Maximum von 1300 Jahren liegen.

Doppelseite 136/137: Ohne seine Lärchenwälder und braunrot gedunkelten Lärchenhäuser wäre zumindest das Mittel- und Oberwallis kaum denkbar. Larix decidua prägt die Wälder und lässt das Tal im Spätherbst vor dem Nadelfall – daher der Beiname decidua = hinfällig – gelb aufflammen. Das Holz ist mittelschwer, härter als Kiefer und Fichte und wegen der Harzhaltigkeit sehr dauerhaft. Nicht zuletzt ist das Wallis reich an Altlärchen von 300 bis weit über 800 Jahren. Die anfängliche Pfahlwurzel und das starke Herzwurzelsystem bewirken, dass Lärchen auch massiven Stürmen gut standhalten, zahlreiche in der Rinde «schlafende» Knospen lassen auch Kronenbrüche gut regenerieren. Die Altlärchen der Moosalpe, Gemeinde Törbel, stehen auf knapp 2050 m ü. M.

zu werden. Unter solchen Eindrücken bin schliesslich auch ich an die Grenze gegangen, auf die *Moosalpe,* fast an der Baumgrenze, von wo ein Besucher berichtete, dass dort 2000-jährige *Lärchen* ständen. Ohne Abklärung gehe ich jedoch an keine Grenze, dazu fehlt mir die Abgeklärtheit, ich habe sie schon in jungen Jahren verloren, finde seither nur immer Teile davon, am häufigsten das «Ab». Siegfried, der Kreisförster, hat sie auch nicht gefunden, weshalb wir auf der Suche nach 2000 Jahre alten Lärchen gemeinsam in die Abgeschiedenheit der Moosalpe eingedrungen sind. Es war leider ein schöner Tag, der im unaufhaltsamen Weiterschreiten die Abgeschiedenheit deutlich dahinscheiden liess, beunruhigend sei dies aber noch nicht, erst im Juli und im August werde hier die Natur in Invasionsstärke kolonisiert. Die Lärchen würden indes nicht sonderlich behelligt, die Leute, sagte ein Botaniker, nähmen sie ohnehin mehr panoramisch wahr, als sie wahrzunehmen. | Auch ich habe bei unserem Gang zu den Lärchen niemanden das schöne Lied singen hören «Horch, die Lärche fällt im Hain», selbst «Lothar» hatte sich ausserordentlich zurückgehalten. Dem Mysterium des Alters dieser Lärchen bin ich freilich nicht näher gekommen, es gibt hier im Wallis doch einige Lärchen, die 300 Jahre oder 500 oder 800 auf den Ästen tragen, ohne dies gleich aller Welt zu kommunizieren, sie würden es nicht einmal mitteilen. Lärchen sind vielleicht auch schweigsamer als andere Bäume, und dann, wenn sie im Oktoberwind oder Novembersturm reden könnten, flammen sie sonnenrot und sonnengelb auf und werfen ihre Nadeln hin und schweigen weiter. Man kann sie von aussen schätzen, die Tiefe der Borkenrisse messen, es läuft höchstens und in tiefstempörtem Schweigen ein Lärchenkäfer davon. Aber schätzen ist nicht wissen. Die Gomser Förster, du erinnerst dich, haben uns die Scheibe einer 700-jährigen Lärche geschenkt, ein mächtiges Schaustück, das dem Fadenzähler nicht standhielt: 477 Jahre plusminus, aber natürlich beharre ich auf 700 Jahren wie irgendeine Partei auf dem 19. Jahrhundert. Leider sind wir trotz allen Messens auf 2000 Metern über Meer nicht auf 2000-jährige Lärchen gestossen, aber wir kennen inzwischen die Täuschungsmanöver unserer Bäume. Mit acht Metern Umfang nämlich hätte die grösste Urlärche im Südtirol rein messlich 400 bis 600 Jahre, sie ist aber 2300 Jahre alt; wie alt ist dann die fünf Meter messende und gute 500 Meter höher stehende mächtigste Lärche der Moosalpe? | Bedauerlicherweise kann ich dir vom mythischen Gehalt der Lärchen hierzulande nichts mitteilen. Da müssten wir nach China oder Japan reisen, doch leider kann ich nicht chinesisch und du nicht japanisch. Hier sind die Berge jedenfalls erst besiedelt worden, als man schon überall das Kreuz aufstellte und sich Faunus als Teufel vorstellte, mit Zotteln, Hörnern, Bocksfüssen, Glutaugen und vom Höllenrauch gelben Zähnen, irgendwo muss ja das Böse sein, freilich ist es meist nicht dort. Ein solcher Ort könnte, wenn ich einem wohlmeinenden Walliser Glauben schenke, die Moosalpe sein, bei leerem Mond mehr als bei vollem. Die Bezeichnung Moosalpe sei ja schon schrecklich und düster, gewiss trieben dann die entsetzlichen Wesen aus heidnischen Götterwelten dort oben ihr Spiel. Solch unchristlichem Aberglauben halte ich selbstverständlich sofort die Erkenntnisse Professor Harnapfs entgegen, wonach *der allgemeinen Deroute antiker Erscheinungen lediglich die Faune entgangen sind, die nach der neuesten, auf vergleichende Fotografie gestützten Forschung indes gar keine Fabelwesen oder gar Teufel waren, sondern verwilderte phönizische Hausierer*[165].

[165] Fritz von Herzmanovsky-Orlando: Bordfest am Fliegenden Holländer in Cavaliere Huscher, Langen Müller, München 1957.

Es ist möglich, aber ich will es nicht beschwören, dass **ZUG** von ziehen kommt, immerhin lassen sich Zugvögel aus aller Welt gern dort nieder, wobei sie statt eigens aufgehängter Nistkästen meist Briefkästen beziehen, wahrscheinlich weil es dort weniger zugig ist, doch ist zuzugeben, dass die Verhaltensforschung hier noch weitgehend vor verschlossenen Türen steht, obwohl die Arten wie auch die Zugrouten inzwischen bestimmt sind. Der Kanton jedenfalls gibt für diese Forschung ein erkleckliches Mass Steuergeld aus, es sollen sogar Sternbilder verschoben worden sein, damit die Zugvögel zur besseren Beobachtung die Route über Zug einhalten, was sie erstens tun und dies den Observanten zweitens mit einem Regen von Sterntalern vergelten, zudem ziehen zahlreiche Spezies gar nicht mehr weiter, sondern brüten dort. Mich wundert, dass ich *hier* so glücklich bin. | So hat es auch mich dorthin gezogen, in den Sijentalwald von Rotkreuz, wo ich einen gewaltigen hölzernen Turmkäfig entdeckte, der nach steil aufwärtsgehender Untersuchung auf mächtigen Wendeltreppen sein Geheimnis offenbarte: Der Käfig, ein Objekt eher helvetischer denn japanischer Verpackungskunst, enthält eine Eiche, Quercus robur, Stieleiche. Die Eiche lebt, weshalb ich den Verdacht, der Käfig sollte etwa nach Übersee verschickt werden, verwarf und nach weiteren Inspektionen den Hinweis entdeckte, dass es sich um einen *Erlebnisbaum* handle, weshalb ich innerhalb der aufgehenden Treppenetagen vom Boden bis zur Krone überaus Lehrreiches über alle Teile der Eiche erfahre, ihre Lebensweise, Mitbewohner, Symbiosen und Animosen. Eichen sind ökologische Kosmen, die in der Abfolge ihres Werdens und Vergehens immer andersneue oder neuandere Welten zeugen, ihr raumgreifender Wuchs, ein englischer Chronist des 18. Jahrhunderts berichtete von Moorfunden mit 30 Metern Umfang, hat Dichtern und Malern Zentner von Tinte, Papier, Farbe und Leinwand abverlangt, nicht zuletzt zahllose Schock[166] Eier; auch ästhetisch gehört die Eiche doch zu den einnehmendsten, ja ich möchte sagen: freiheitsliebendsten Baumgestalten, weshalb ich dem einen oder anderen hilfesuchend aus dem Käfig ragenden Ast mitfühlend die Hand gab. | Dryaden, diese Eichennymphen, du erinnerst dich, habe ich im Erlebnisbaum keine angetroffen, sie müssen geflüchtet sein, auch der Sybille von Palaestrina[167] wäre es hier wohl etwas eng geworden, wobei ich freilich die Leistung der Forstwart- und Zimmermannslehrlinge durchaus anerkenne. Sie haben zur Ergreifung der Eiche etliche Klafter Weisstannenholz nach allen Regeln der Blockhüttenbaukunst zu einer 30 Meter hohen, uneinnehmbaren Vertikalpallisade verarbeitet, worin sich die schweizerische Vorstellung vom «heimeligen Holz» besonders schön niederschlug. Auch ich ging etwas niedergeschlagen von Tannen. Eingedenk der einst so eleganten Baumhäuser, Lodges, Restaurants und Jagdhütten – Windsors besitzen heute noch eines im elisabethanischen Stil – hätte ich mir etwas Filigraneres, Eichensichtigeres gewünscht, ein hohes C, und wenn auch nur à la Trava, hätte mir schon genügt. Leider bin und bleibe ich Minderheit. Eine junge Frau fand den Erlebnisturmbaum einfach geil, was mich aber auch nicht aufzurichten vermochte. | Seit einer Dezembernacht in Cham bin ich mit dem Lied «O Tannenbaum, wie schön sind deine Blätter» ausgesöhnt. In Cham besitzen die Zuger den *grössten Christbaum der Schweiz,* einen Sequoiadendron giganteum, den alle Welt «Mammutbaum» nennt, obwohl er völlig zahnlos ist und mit einem Mammut weder von nah noch von fern die geringste Ähnlichkeit aufweist. Es gibt Leute, die einen solchen Baum daher auch dann nicht finden, wenn ich ihnen den Standort koordinatengenau beschreibe. Ein Chamer Passant sagte mir, es wäre ein Redwood, aber der heisst Sequoia sempervirens, freilich ist der Unterschied so gering, dass ich das wie bei den Prüfungen des österreichischen Erzherzogs mit «auch richtig» durchgehen lasse, selbst wenn *mir* so etwas bei Prüfungen nie nachgesehen wurde. Auf die Adelung warte ich allerdings heute noch. | Beim Mammutbaum ist die Frage: Blätter oder Nadeln, unentschieden oder eher

[166] Temperafarben bestanden aus anorganischen Pigmenten und Emulsionen (Lösungen von Eigelb u.a.). 1 Schock = 60 Eier.

[167] Palaestrina (das antike Praeneste) südlich von Rom war Ort eines (heute rekonstruierten) Eichenblätter-Orakels.

Die «Events» haben auch den Wald erobert. Mit einem Gerüst aus Weisstannenbohlen hat im Jahr 2000 die «Arbeitsgemeinschaft Pro Holz Zug» eine Eiche im Sijentalwald der Gemeinde Rotkreuz zum «Erlebnisbaum» umrüsten lassen. Am begehbaren, knapp 30 Meter hohen Holzturm konnten Zimmerei- und Forstwartlehrlinge ihre handwerklichen Fertigkeiten erproben. Hauptsponsor der Kosten von über 150 000 Franken waren die Berner Versicherungen; das Tannenholz stellten die Zuger Forstbetriebe gratis zur Verfügung. Der Turm soll den Besteigern, begleitet von Informationstafeln auf jeder Stufe, einen hautnahen Blick in alle Etagen der Eiche ermöglichen. Nach zehn Jahren will man das Gerüst wieder abbrechen, damit das Wachstum des Baumes unbehindert weitergehen kann.

Doppelseite 142/143: Seit vielen Jahren gilt der Mammutbaum (Sequoiadendron giganteum) im Garten des Nestlé-Gebäudes in Cham als «grösster Christbaum der Schweiz». Gepflanzt worden war der Baum um 1900 von George Hamilton Page, dem Gründer der Anglo-Swiss Condensed Milk Company, die 1905 mit Nestlé fusionierte und ihren Sitz im Haus neben dem Mammutbaum hatte. Page war ein Agro-Pionier und führte damals die Niederstamm-Obstkultur in der Schweiz ein.

zugunsten von Blättern, da könnten wir uns nun lange streiten, jedenfalls ist er kein Tannenbaum, aber im Dezember trotzdem ein Christbaum, woran niemand rüttelt, am allerwenigsten Nestlé, der wir diesen Baum samt Milch und Kaffee verdanken, obwohl er auch kein Kaffeebaum ist und jedes äthiopische Model sich vermutlich weigern würde, einen Mammutbaum als Kaffeebaum zu akzeptieren, aber das ist wirklich nur eine Vermutung, wenn nicht gar wieder eine Frage des Schwarz- oder Weisssehens. Für George Hamilton Page, den Gründer der 1905 mit Nestlé vereinigten Anglo-Swiss Condensed Milk Company, der sich Ham nannte, weil er den Speck schon früh roch, ist der grösste Christbaum der Schweiz so oder anders ein schönes Denkmal, über das nachzudenken ich bereits Anweisung gegeben habe. Page, geängstigt von übergrossen, hochstämmigen Obstbäumen, führte in der Schweiz die Niederstämmer ein, was auf dem Land schon nach wenigen Jahrzehnten zu einer Verkürzung der Armlänge und des Augenmasses führte, in der Stadt etwas später. Ham pflanzte aber vor 120 Jahren gleichzeitig auch den Chamer Mammutbaum, was mich trotz Abwesenheit Rilkes willkürlich ausrufen liess: *O rainer Widerspruch!* | Im Falle des Mammutbaums fallen übrigens Widerspruch und Bestätigung unmittelbar zusammen, wobei der Baum selbst natürlich meist nicht mitfällt. Den ersten Widerspruch musste sich jener Holzfäller gefallen lassen, der um 1840 erstmals einen solchen Baum sah: Kein Mensch glaubte ihm. Der Mann war gebrochen, bevor die ersten Mammutbäume brachen. Den zweiten Widerspruch musste Lindley hinnehmen, ein Engländer, der die neue Gattung bestimmte und sie in unpassender Kolonialistenlaune nach dem Helden von Waterloo «Wellingtonia» taufte, was nun den leicht verletzbaren Heroismus der Amerikaner tangierte, vermutlich in einem Winkel von 360 Grad, weshalb diese den Baum in «Washingtonia» umtauften. Da nun aber die Amerikaner ausser bei ihren Interessen schlechte Rechner sind, wie dies die Geschichte vergeblich lehrt, obwohl wir sie ständig dafür bezahlen, rechneten sie nicht mit den Franzosen. Decaisne, seines Zeichens Botaniker, wiewohl dieses Zeichen noch nie gesehen wurde, stellte in Mammutbaum und Redwood Gattungsgleichheit fest, worauf unser Mammut die schöne Bezeichnung erhielt: Sequoia gigantea (Lindl.) Decne. non Endl. Die Amerikaner haben es nicht unwidersprochen gelassen. Wiederum ein Botaniker, ob ebenfalls gezeichnet, weiss ich nicht, des passenden Namens Buchholz, machte in Mammutbaum und Redwood zwei Gattungen dingfest, seither heisst der Mammutbaum Sequoiadendron giganteum (Lindl.) Buchh. | Seit ich diese Geschichte kenne, gefällt mir das Taufen wieder. Es gibt immer einen Punkt, um zu widersprechen, vielleicht auch zwei, ein Nullgewissheitenspiel, aber das habe ich wohl missverstanden. Nach dem Widerspruch nun zur Bestätigung, eigentlich ist es mehr eine Selbstbestätigung. Wer Macht hat, pflanzt einen Mammutbaum vors Haus, noch besser zwei, flankierend, eine Art innerer Flankenschutz. Schon nach 50 Jahren musst du weit und verzagt hinaufschauen zur Macht. Die Mode kam mit dem Wellington-Kult aufs Festland, aber so fest steht ein Mammutbaum hier und heute auch nicht mehr vor den Machtbauten. Zweifler rufen schon beim Anblick eines Sämlings nach dem Sozialplan. | Freilich, es gibt da noch die unklare Vorsilbe «Sequoia». Sequoyah hiess ein Cherokee-Häuptling, von dem das erste indianische Alphabet stammt. Der Glarner Johann Jakob Tschudi (1760–1843) hatte diesen Namen für die Küstensequoie vorgeschlagen, die Ehre kam schliesslich auch unserem «Mammut»[168] zu. Drüben erwähnt man diese Zusammenhänge ungern, irgendwie verständlich, denn die Rothäute wollten ja einst das Land besetzen und hätten die Weissen schier ausgerottet, und ein Schweizer ist sowieso immer ein Schwede, womöglich sogar ein alter Schwede. Der alte Präsident[169], falls du das noch nicht wissen solltest, hat das Schutzgebiet der letzten Mammutbäume um 328 000 Acres erweitert, ich

[168] Donald C. Peattie: A Natural History of Western Trees, Houghton Mifflin, Boston 1991.
[169] Bill Clinton.

weiss nicht, wie viel das ist, es ist sicher viel zu wenig, und der neue Präsident wirds gewiss wieder rückgängig machen, gewiss hängt er mehr an Busch und Gras. Fast hätte ich den Christbaum vergessen, der ja immer zur Wintersonnenwende auftaucht. Bemerkungen dazu gibt es schon in den altindischen Veden, die alten Perser meisselten ein schönes Exemplar in Stein[170], die Römer begnügten sich zum Fest des unbesiegten Sonnengottes mit Kerzen. Wie du siehst, bin ich dieser Herkunftsgeschichte schon dicht auf den Fersen, die erste Strophe, denke ich, kann ich bald schreiben. Dem Chamer Christbaum wird neuerdings in Walenstadt Konkurrenz gemacht, dem freilich der globalisierende Hintergrund abgeht, wohin, will ich demnächst herausfinden.

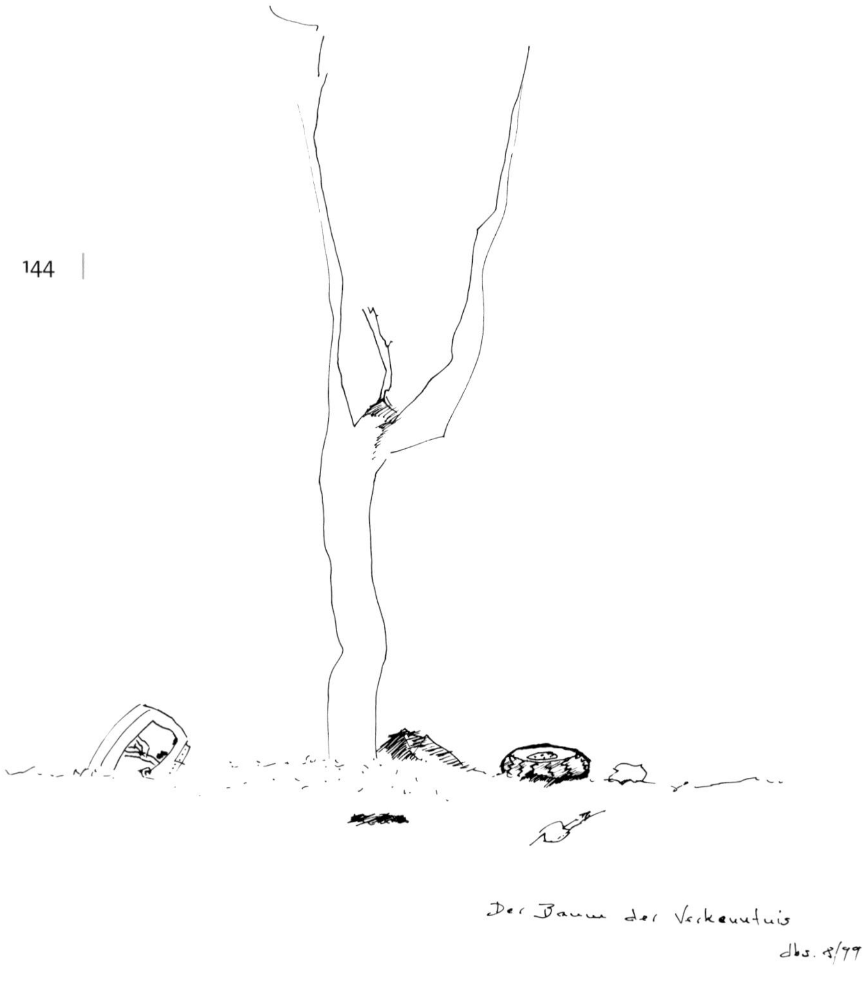

[170] Uno Holmberg: Der Baum des Lebens. Ed. Amalia, Bern 1996.

Vor einigen Monaten war ich nach **ZÜRICH** zu einem Pappel-Kongress geladen. Die Familie ist ja enorm, ich habe noch nie so viele beieinander gesehen. Die Amerikaner wie üblich in Überzahl, auch erstaunlich viele Chinesen, aus England Earl Balm of Gilead, er soll übrigens ein Bastard sein. Zur Debatte stand die Diskriminierung des kanadischen Familien-Zweiges[171] in Europa, die vor einiger Zeit, vor allem im Kanton Zürich, um sich gegriffen hat, wobei den Kanadiern vorgeworfen wurde, sie seien hybrid. Etliche sind denn auch schon gruppen- oder reihenweise ausgeschafft worden. Gewiss, die Kanadier sind hierzulande sozusagen nicht ganz koschere Pappelheimer, aber muss man sie denn gleich aus dem Land jagen? Und welcher Kongress erst wäre einzuberufen gegen die neuen Hybriden, deren Wachstum auf Antropophagie[172] zu beruhen scheint, aber so habe ich das nie gesagt. Aus unserer Gegend haben am Pappel-Kongress Herr P.[173] Nigra und Frau P. Tremula teilgenommen, sie war die Hauptrednerin und zitterte vor Empörung wie Espenlaub. Es rauschte überhaupt gehörig im Blätterwald, und noch viel mehr als der Amerikaner P. Balsamifera geltend machte, dann müsse man auch der aus Süd- und Osteuropa eingewanderten Sippe der P. Alba die Aufenthaltsbewilligung entziehen, und zwar A und B. Na, du kennst ja die Resolutionen, die solche Kongresse gebären – Zellulose, nichts als Zellulose. | Mit dem Amerikaner P. Grandidentata, dem Namen nach dort auch nicht gerade ein Indigener, habe ich mich nach dem Kongress lange über Zürich unterhalten. Ich habe ihm gesagt, mich erstaune es ja nicht, dass Zürich wie Zwingli beginne. Der Geist sei streng, monetär, Gott liebe eben die Erfolgreichen, was Mr. Grandidentata sichtlich gefiel, und reformistisch sei dieser Geist auch, aber nur, wenn er dazu gezwungen werde. Zürich sei listenreich wie der alte Odysseus und daher stets vorne, fuhr ich fort, so habe die Wasserkirche keinerlei subaquatischen Charakter und die Gemüsebrücke bestehe keineswegs aus Kraut und Rüben, sondern aus Russbeton. Es sei auch mir nicht sofort aufgefallen wie Zürich täusche. Begonnen habe es vermutlich 1519, als die Zürcher den als Feldprediger gestählten St. Galler Zwing näher kennen lernten, aus dem Ulrich bald einen Huldrych machten und ihm schmeichlerisch den helvetischen Diminutiv *li* anhängten. Dies habe ihn, nun Zwingli, freilich nicht davon abhalten können, als Feldprediger im 2. Kappeler Krieg gegen die Ungläubigen zu sterben, was Mr. Grandidentata wiederum mit sichtlichem Wohlgefallen quittierte. Zwingli, wasserlose Wasserkirche, gemüselose Gemüsebrücke, Zürich täusche, wiederholte ich beharrlich. Auf dem Predigerplatz habe seit automobilistischen Zeiten kein Prediger mehr freiwillig den Mund aufgemacht, und am Paradeplatz seien die Banken paradelos dem täglichen Angriff der Massen ausgeliefert. | Mr. Grandidentata schien inzwischen etwas überfordert, weshalb ich nach Gewohnheit meiner nächtlichen Selbstgespräche noch eine Weile für mich weitersprach, dass nämlich in Uster zum Ustertag inzwischen die Städter die Reden halten und die Ländler nur noch dazu aufspielen und dass der Grüne Ustertag in der grösseren Beliebtheit der grünen 50er-Note untergegangen sei, ausserdem sei das Landvolk seit 50 Jahren bestenfalls subrevoltär, am liebsten natürlich subventionsrevoltär. In Küsnacht lag ich nachts immer wieder auf der Lauer: niemand hat je geküsst, in Zollikon gab es wahrscheinlich überhaupt nie einen Zoll, in Rorbas fand ich niemanden, der ein Instrument dieses Namens kannte, in Windlach reisst nicht der Wind die Ziegel von den Dächern, dort tun das die Randwirbelschleppen der Flugzeuge, und das auch nicht mehr lange, in Mönchaltorf kein einziger Mönch, nicht einmal ein alter, in Winterthur vielleicht noch ein Schneetag aufs Jahr. Zürich enttäuscht, natürlich mit Ausnahmen. Tröstlich, dass in Erlenbach noch drei gebrechliche Erlen am Bach stehen, in Weiningen tatsächlich noch Wein angebaut wird und in Wiesendangen einige Wiesen grünen, wahrscheinlich sind es aber nur Baubrachen. | Von der *Pappel auf Schloss Goldenberg* schreibe ich dir freilich nicht, weil es auch sie gar nicht mehr

[171] Die Pappeln der Canadensis-Hybriden sollen als nicht einheimische Züchtungen weitgehend abgeholzt werden.

[172] Menschenfresserei. Im Sinne eines immer arroganteren Umgangs der Wirtschaftsmächte mit dem Menschen.

[173] Die Familie der Pappeln: Populus nigra, Populus tremula, Populus balsamifera usw.

Pappeln galten während der Französischen Revolution als ideale Freiheitsbäume, weil ihr französischer Name peuplier unmittelbar an das Wort peuple = Volk anklang.

Doppelseite 148/149: Wer sie kennt, muss nicht lange nach der Weiss- oder Silberpappel suchen. Populus alba steht im Mittelland und in warmen Alpentälern an jedem See, Fluss oder Bach, in den Auenwäldern, aber auch auf sandigen Böden. Sie wächst rasch und bildet eine netzartige, tiefrissige Borke und Umfänge von 4 bis 6 Metern, was sie viel älter erscheinen lässt, als sie ist – das Höchstalter liegt bei etwa 200 Jahren. Das Holz ist weich und sehr leicht, daher für Prothesen, Verpackungen, Bootsrahmen, Zündhölzer oder Reissbretter sehr geeignet. Die Weisspappel auf Schloss Goldenberg, Gemeinde Dorf, war schon vom Standort her ein eindrücklicher Baum (Höhe: 25 Meter, Umfang: 4 Meter, Alter: 150 bis 200 Jahre).

gibt. Ich habe den Zettel lange genug herumgeschoben, obgleich diese Pappel mir, nach Gestalt und Standort, immer ein Inbild jener Pappeln zu sein schien, von denen die antiken Mythen sprechen. Du wirst mir ja nicht widersprechen, wenn ich sie dir im Bild zeige. Du wirst zugeben müssen, so könnten die Heliaden am Eridanos ausgesehen haben, nachdem sie sich aus Gram über ihren mit dem Sonnenwagen abgestürzten Bruder Phaeton in Pappeln verwandelten und Tränen von Bernstein in den Fluss vergossen, woraus beispielsweise leicht zu folgern ist, dass es nicht nur an der Kurischen Nehrung Bernstein gab. Circe, die Odysseus becircte, und Pasiphaë waren Heliaden, Töchter des Helios[174]. Schön, und schade, dass sie nun Pappeln sind. Die Art der Pappel ist mir natürlich nicht bekannt, die Griechen nannten sie einfach Pappel, auch sprachen sie damals noch nicht lateinisch, sonst würde ich Populus euphratica vermuten, schon wegen Luther, der das hebräische «aribim» für Pappel mit Weide übersetzte und daher die Harfen des 137. Psalms am falschen Baum aufhing, jedenfalls habe ich mir das so angelesen, ausserdem ist das Irren oder Sichirren die am besten erforschte Eigenschaft des Menschen, ich weiss nicht, wieso man etwas anderes glauben kann. Wenn schon ein Dogma, dann das der Fehlbarkeit. | Dass vom Wind behauptet wird, er sei «ein himmlisches Kind», hat mich spätestens 1968 misstrauisch werden lassen: Wer sagt das? Und warum? Inzwischen wird schon die irdische Zerstörungswut von Jugendlichen erforscht, für die, ersten Resultaten nach, niemand verantwortlich ist. Ich habe daher darauf verzichtet, Boreas, den Nordwind, anzuklagen, oder Zephyros, den Westwind, dass die Pappel auf Goldenberg stückweise weggestürmt wurde, einer von beiden wars. Sie war eine Weisspappel, Populus alba, sie gehörte Leuke, der Weissen Göttin, die aber vor ihrer Personifizierung zuerst eine Kreideinsel im Schwarzen Meer war, auf der etliche erschlagene Helden des Trojanischen Kriegs in ewiger Seligkeit leben, es handelt sich um das antike Elysium[175], jedenfalls eines davon. Noch heute gehen Helden aller Art davon aus, dass, nach vollbrachter Tätlichkeit, sie dort jemand zur neuen Einkleidung erwartet. Vielleicht war es auch die Wasserferne, die diese Pappel brechen liess, alle Pappeln stehen gerne am Wasser, womit sie für die Griechen zu allen Gottheiten gehörten, die im Unter- wie im Oberirdischen zuhause sind wie Rhea, Demeter, Hades oder Persephone. Mit Zeus ist die Weisspappel auf merkwürdige Art verbunden: Für seine olympischen Opfer und auch für das Opfer an Pelops nämlich pflegten die Eleer ausschliesslich dieses Holz zu verbrennen. Pausanias erklärt es damit, dass Herakles diesen Baum nach Elis gebracht und das Zeusopfer ebenfalls auf Weisspappelholz verbrannt habe[176]. Der Kult ahmt nach, es wird dir ja schon oft aufgefallen sein. Bei den Germanen habe ich nichts Pappliges gefunden. Da allerdings Frigg, Balders Mutter, allen Lebewesen und Elementen den Eid abverlangte, ihrem Sohn nicht zu schaden, schlage ich hier kühn eine Erwähnung der Pappel vor. So kühn, mich mit der Pappel auf Keltisches einzulassen, bin ich aber nun wieder nicht, in der «Schlacht der Bäume» kommt sie gar nicht vor, und was sich um allerlei keltische Baumkreise rankt, scheint mir eher Pappellapapp.

[174] Reclams Lexikon der antiken Mythologie, Stuttgart 1991.
[175] ebenda.
[176] Pausanias (110–180 n. Chr.), hellenistisch-kleinasiatischer Historiograph: Beschreibung Griechenlands V, Manesse-Verlag, Zürich 1998.

Damit bin ich gewissermassen am Ende der Schweiz angelangt. Ich muss mich beschränken, jedenfalls solange Europa nicht freiwillig und so neutral wie möglich der Schweiz beitritt. Die Gründungsmythe der Eidgenossenschaft habe ich weggelassen. Manche, wie die amerikanische Version, wonach die ersten Schweizer aus Käse und Schokolade geschaffen worden seien, sind mir zu wenig glaubhaft, und die Mythe von der Alpengöttin Jodula, der die Frühälpler mit kräftig modulierten Schreien gehuldigt hätten, ist zu wenig belegt. Aber die Entstehungsmythe der Schweiz will ich dir nicht vorenthalten, schon weil sie sorgsam geheim gehalten wird, wie ja alle kompromittierenden Ereignisse der Geschichte entweder versteckt werden oder für blosse Events gelten. Ich habe zwar nur Bruchstücke unseres frühesten Mythos, aber er geht ungefähr so: Als die Götter die Erde erschaffen hatten, teilten sie den Menschenstämmen Gebiete zu. Die Helveter wünschten sich ein Land mit vielen Bäumen, und weil sie sich als überaus besonders empfanden, wollten sie alle Bäume von aller Art. Die Götter waren darüber sehr irritiert, ja, ihre Stirnen furchten sich furchterregend. Wotan murmelte: «Gras und Kühe haben sie schon, was wollen sie noch?» Thor brummte: «Meine Eichen haben sie schon und sogar das Sprichwort *Scheiche wie Eiche,* was wollen sie noch?» Frigga erklärte: «Ich habe ihnen bereits versprochen, später den Wilhelm zu schicken, was wollen sie noch?» Die Götter berieten. Da stand die kluge Raetia auf: «Sollen sie doch ihre Bäume haben, aber dafür lassen wir sie etwas zusammenrücken.» Da riefen die nördlichen Götter den südlichen zu: «Schiebt mal ein bisschen!» Und so türmte sich das Land immer steiler und immer höher, und viele Bäume konnten sich nicht mehr halten, und zu allen übrigen Grenzen erhielten die Helveter noch eine Baumgrenze. Lange versuchte der brave Stamm das enge Land wieder weiter zu machen, indem er fleissig Bäume fällte, bis das eidgenössische Forstgesetz diesem Fällerfleiss Halt gebot, denn zu freier Sicht aufs Mittelmeer hätte das doch nie geführt. | Liebste Silva Verena, ich bin jetzt fertig hier, kehre noch zusammen und komme dann heim. Allerdings fühle ich mich etwas unglücklich, denn seit Wochen finde ich mein Kerbholz[177] nicht mehr. Ich wüsste gern, *bevor* es ans Abrechnen geht, wie viel ich drauf habe – vielleicht weisst du es? Ich müsste dringend nachkerben, obwohl mir entfallen ist, wer die andere Hälfte hat, aber sie wird auch nicht die bessere sein. Zuletzt sah ich das Gegenkerbholz bei einem Runenschwangeren der «Neuen Kultur AdM»[178], der aber wohl nichts damit anfangen konnte. Vielleicht hat er es einem anderen Arier weitergegeben, womöglich einem Parlamentarier. Solltest du mein Kerbholz finden, es ist aus Eiche mit Nussbaumfournier, wirf es bitte in den Briefkasten am Eingang zur Zettelei. Er hängt an einer Esche, eine Eschennymphe leert ihn täglich.

Bis bald, ich küsse dich

Dein Bernd

[177] Kerbholz: längs gespaltener Holzstab, in dessen beide Hälften identische Kerben zur Zählung und Abrechnung von Schuldforderungen, Leistungen usw. eingeschnitten wurden; Kontrolle durch Aneinanderfügen der beiden Hölzer. Aus analphabetischen Zeiten. In den Alpen noch in der 1. Hälfte des 20. Jahrhunderts in der Alpwirtschaft gebräuchlich.

[178] «Neue Kultur» (Ahnenrad der Moderne), Kassel. Sammelbecken nazistischer Welt- und Rassenanschauungen, basierend auf pseudogriechischen, pseudokeltischen, pseudogermanischen usw. Ansichten.

Weiterführende Literatur
zu Kulten, Mythen und magischem Denken

Botheroyd, S. und P.: *Lexikon der keltischen Mythologie,* Diederichs, München 1992
Burkert, Walter: *Kulte des Altertums,* C. H. Beck, München 1998
Burkert, Walter: *Homo Necans,* de Gruyter, Berlin 1997
Burkert, Walter: *Wilder Ursprung,* Wagenbach, Berlin 1991
Dumézil, Georges: *La religion romaine archaïque,* Paris 1962
Eliade, Mircea: *Schamanismus und archaische Ekstasetechnik,* Suhrkamp, Frankfurt am Main 1991
Eliade, Mircea: *Schamanen, Götter und Mysterien,* Herder, Freiburg 1992
Hasenfratz, H.-P.: *Die religiöse Welt der Germanen,* Herder, Freiburg 1992
Kerényi, Karl: *Die Mythologie der Griechen,* 2 Bde., dtv, München 1999
Lévi-Strauss, Claude: *Das Nahe und das Ferne,* Fischer, Frankfurt am Main 1989
Lévi-Strauss, Claude: *Mythologica, I–IV,* Suhrkamp, Frankfurt am Main 1994
Lévi-Strauss, Claude: *Das wilde Denken,* Suhrkamp, Frankfurt am Main 1991
Lurker, Manfred: *Wörterbuch der Symbolik,* Kröner, Stuttgart 1979
Lurker, Manfred: *Lexikon der Götter und Symbole der alten Ägypter,* Scherz, Bern/München/Wien 1998
Mannhardt, Wilhelm: *Wald- und Feldkulte der Germanen,* 1875 (vergriffen, aber in grösseren öffentlichen Bibliotheken verfügbar)
Markale, Jean: *Die Druiden, Die keltische Frau,* Goldmann, München 1989
Le Roux, Françoise und Guyonvarc'h, Christian: *Die hohen Feste der Kelten,* Arun, Engerdan 1997
Simek, Rudolf: *Lexikon der germanischen Mythologie,* Kröner, Stuttgart 1984

Bildnachweis

Verena Eggmann: 8/9, 10/11, 12, 13, 15, 16/17, 21, 22/23, 25, 32, 34/35, 38/39, 41, 43, 44/45, 46, 47, 49, 51, 55, 56/57, 59, 60/61, 80, 80/81, 108/109, 111, 118/119, 121, 142/143, 146, 148/149
Bernd Steiner: 27, 28/29, 65, 66/67, 69, 70, 70, 70/71, 75, 76/77, 82, 85, 86/87, 90/91, 94/95, 99, 101, 102/103, 112/113, 117, 123, 124/125, 128, 130/131, 134, 135, 136/137, 140 sowie sämtliche Illustrationen

Verlag und Autoren danken den folgenden Institutionen für die grosszügige Unterstützung.
- Kanton Thurgau
- Kanton Appenzell Ausserrhoden
- Kanton Basel-Stadt

Dieses Buch ist ein weiteres Werk aus dem Internationalen Baum Archiv (IBA) in Winterthur. Das IBA erforscht die Kulturgeschichte von Baum und Wald in Mythen, Religionen, Symbolen, Märchen, Literatur, Politik, bildender Kunst, Brauchtum usw. Es entstand aus der privaten Arbeit der Zürcher Berufsfotografin Verena Eggmann (1946–1997), welche von 1975 an systematisch historische Bäume, Wälder und andere Zeugnisse dieser Geschichte über Europa hinaus zu fotografieren und zusammen mit ihrem Mann, dem Journalisten und Schriftsteller Bernd Steiner, deren kulturelle Bedeutung zu untersuchen begann. Als Verena Eggmann 1997 starb, hinterliess sie mit Bildern aus zwölf Ländern das bisher umfangreichste Fotoarchiv zum Thema Bäume und Wälder, heute umfasst es zwölf europäische und zwei aussereuropäische Länder. | Seit 1997 verfügt das in eine Stiftung umgewandelte IBA in der städtischen Villa Bidermann in Winterthur über ein Museum und einen historischen Park mit speziell beschilderten Bäumen, Sträuchern und Objekten. Das laufend erweiterte fotografische Werk wird jährlich in thematischen Ausstellungen der Öffentlichkeit zugänglich gemacht. Das Museum, das auch zahlreiche Kult- und Alltagsobjekte verschiedener Epochen zur kulturellen Bedeutung von Baum und Wald zeigt, ist ganzjährig an Freitagen und Samstagen geöffnet, die übrigen Tage sind für Workshops der Volksschule und für Gruppenbesuche reserviert. Eine Reihe von Veranstaltungen zu ausgewählten Themen ergänzen das Jahresprogramm. Das IBA ist das weltweit einzige Museum dieser Art. | Hier lässt sich erfahren, weshalb es in den wichtigsten Kulturen Weltenbäume gab, welchen Sinn Baum- und Vegetationskulte hatten, welche Rolle heilige Bäume etwa in der Geschichte der Basken und der Graubündner sowie in Mythen, Religionen und Märchen spielen, weshalb Bäume als Ursprung der Menschen galten, am Anfang von Schöpfungsgeschichten stehen und warum heilige Bäume von Siegern gefällt werden. Woher Mai- und Freiheitsbaum kommen, gehört ebenso in diese Reihe wie die Herkunft des Weihnachtsbaums, der Zusammenhang von Baum- und Quellkulten, die Funktion heiliger Baum- und Waldorte oder die Frage, weshalb man christliche Kapellen in jahrhundertealte Bäume baute oder im Astwerk der Bäume tanzte. | Angesichts der fortschreitenden Zerstörung der Umwelt und unserer Lebensgrundlagen versteht das IBA seine Arbeit auch als ein Hinführen zu einer ethisch verpflichtenden Haltung gegenüber der Natur und der grössten Pflanze, dem Baum, ohne deren Anwesenheit Wasser- und Sauerstoffkreislauf gefährdet sind. Angestrebt wird dabei auch die Vermittlung wesentlicher Ideen menschlicher Geschichte, die sich nicht zuletzt in einer Verehrung der lebendigen Natur ausdrückte. Dass diese Natur bereits im Altertum und in der Antike massiver Ausbeutung unterlag, wird dabei so wenig übersehen wie die Sentimentalisierung und Fälschung historischer Vorstellungen, Mythen und Bräuche in der neuen esoterischen Literatur. | Seit 1998 wird das IBA (auch fotografisch) von Bernd Steiner und der Waldpädagogin und Erwachsenenbildnerin Silvia Haubensak geführt. Getragen wird es von Beiträgen, Spenden und einem Förderverein, dem neben vielen Einzelpersonen auch wissenschaftliche Institute der ETH, Forschungsanstalten, botanische Gärten und Privatfirmen in mehreren Ländern angehören. Ist Ihr Interesse geweckt, verlangen Sie eine IBA-Dokumentation. | Internationales Baum Archiv, Schaffhauserstr. 52, PF 16, CH-8410 Winterthur – Geöffnet freitags 10–12/15–20 Uhr; samstags 11–17 Uhr – Fax +41 (052) 212 61 02 – E-Mail: baumarchiv@gmx.ch.